上海市工程建设规范

绿色通用厂房(库)评价标准

Assessment standard for green logistics building and standard factory

DG/TJ 08—2337—2020
J 15431—2020

主编单位:上海市建筑科学研究院(集团)有限公司
　　　　　建学建筑与工程设计所有限公司
批准部门:上海市住房和城乡建设管理委员会
施行日期:2021 年 4 月 1 日

同济大学出版社

2021　上海

图书在版编目(CIP)数据

绿色通用厂房(库)评价标准 / 上海市建筑科学研究院(集团)有限公司,建学建筑与工程设计所有限公司主编. —上海:同济大学出版社,2021.4
 ISBN 978-7-5608-9809-4

 Ⅰ.①绿… Ⅱ.①上… ②建… Ⅲ.①厂房-生态建筑-评价标准-上海 Ⅳ.①TU27-34

 中国版本图书馆 CIP 数据核字(2021)第 038964 号

绿色通用厂房(库)评价标准

上海市建筑科学研究院(集团)有限公司
建学建筑与工程设计所有限公司　　主编

策划编辑　张平官
责任编辑　朱　勇
责任校对　徐春莲
封面设计　陈益平

出版发行　同济大学出版社　　www.tongjipress.com.cn
　　　　　(地址:上海市四平路1239号　邮编:200092　电话:021-65985622)
经　　销　全国各地新华书店
印　　刷　浦江求真印务有限公司
开　　本　889mm×1194mm　1/32
印　　张　4.375
字　　数　118 000
版　　次　2021年4月第1版　　2021年12月第2次印刷
书　　号　ISBN 978-7-5608-9809-4
定　　价　40.00元

上海市住房和城乡建设管理委员会文件

沪建标定〔2020〕630 号

上海市住房和城乡建设管理委员会
关于批准《绿色通用厂房（库）评价标准》
为上海市工程建设规范的通知

各有关单位：

由上海市建筑科学研究院（集团）有限公司、建学建筑与工程设计所有限公司主编的《绿色通用厂房（库）评价标准》，经我委审核，现批准为上海市工程建设规范，统一编号为 DG/TJ 08—2337—2020，自 2021 年 4 月 1 日起实施。

本规范由上海市住房和城乡建设管理委员会负责管理，上海市建筑科学研究院（集团）有限公司负责解释。

特此通知。

上海市住房和城乡建设管理委员会
二〇二〇年十一月四日

前　言

根据上海市住房和城乡建设管理委员会《关于印发〈2017年上海市工程建设规范编制计划〉的通知》(沪建标定〔2016〕1076号)的要求,本标准由上海市建筑科学研究院(集团)有限公司、建学建筑与工程设计所有限公司会同相关单位,在充分考虑上海产业特点和建筑功能的基础上,结合国家和本市相关标准规范要求编制而成。编制过程中,广泛征求了行业意见,并开展了案例试评,对内容进行了反复研讨和修改。

本标准共分9章,主要内容有:总则;术语;基本规定;室外总体;安全耐久;资源节约;室内健康;运营高效;提高与创新。

各单位及相关人员在本标准执行过程中,如有意见或建议,请反馈至上海市住房和城乡建设管理委员会(地址:上海市大沽路100号;邮编:200003;E-mail:bzgl@zjw.sh.gov.cn),上海市建筑科学研究院(集团)有限公司(地址:上海市宛平南路75号;邮编:200032;E-mail:rd@sribs.com.cn),或上海市建筑建材业市场管理总站(地址:上海市小木桥路683号;邮编:200032;E-mail:bzglk@zjw.sh.gov.cn),以供修订时参考。

主 编 单 位:上海市建筑科学研究院(集团)有限公司
建学建筑与工程设计所有限公司

参 编 单 位:上海市绿色建筑协会
上海临港普洛斯国际物流发展有限公司
乐歌供应链管理(上海)有限公司
万科物流发展有限公司
盒马(中国)有限公司
中国轻工业上海工程咨询有限公司

主要起草人:韩继红　高海军　廖　琳　安　宇　李　芳
李　鹤　张　颖　张改景　方　舟　范国刚
顾　佶　李　坤　孙明明　王　勋　吴　明
郑代俊　王　灵　王纪元　钱振华　许立新
李视令　王亚江　王　瑞　郑乐明　孟　昕
鲍　逸　王小安

主要审查人:虞永宾　张伯仑　潘嘉凝　古小英　邵　颐
许　鹰　张继红

上海市建筑建材业市场管理总站

目　次

Contents

1 总　则

1.0.1　为贯彻绿色发展理念，科学引导绿色通用厂房(库)的建设，推动绿色通用厂房(库)的高质量发展，规范本市绿色通用厂房(库)的评价，制定本标准。

1.0.2　本标准适用于本市绿色通用厂房(库)的评价，包括物流建筑和标准厂房。

1.0.3　评价绿色通用厂房(库)时，应考虑本市的自然条件、经济和文化等影响因素，根据建筑使用功能，统筹考虑全寿命期内资源、环境和使用者的不同要求。

1.0.4　绿色通用厂房(库)的评价，除应符合本标准的各项要求外，尚应符合国家和本市现行相关标准的规定。

2 术 语

2.0.1 绿色通用厂房(库) green logistics building and standard factory

在全寿命期内,最大限度地节约资源、保护环境和减少污染,提供适用、便捷、高效和健康的使用空间,与自然和谐共生的高质量通用厂房(库)。

本标准的通用厂房(库)包括物流建筑和标准厂房。其中,物流建筑是指进行物品收发、储存、装卸、搬运、分拣、物流加工等物流活动的建筑;标准厂房是指规划布局合理,供水、供电、供热、供气、交通、通信等配套设施齐全,能满足工业生产需求,具有通用性的厂房。

2.0.2 立体绿化 green building planting

以建(构)筑物为载体,以植物为主体营建的各种绿化形式的总称,包括屋顶绿化、垂直绿化、沿口绿化和棚架绿化。

2.0.3 清水混凝土 fair-faced concrete

一次浇注成型,不进行外装饰,直接采用混凝土的自然表面效果作为饰面的混凝土。

2.0.4 可再生地 renewable land

包括可以改造利用的城市废弃地(如裸岩、塌陷地、废弃坑等)、农林业生产难以使用地(如荒山、沙荒地、劣地、石砾地、盐碱地等)和工业废弃地(废弃厂房、仓库、堆场等)。

2.0.5 绿色建材 green building materials

在全寿命期内可减少对资源的消耗、减轻对生态环境的影响,具有节能、减排、安全、健康、便利和可循环特征的建材产品。

3 基本规定

3.1 一般规定

3.1.1 绿色通用厂房(库)的评价应以单栋建筑或建筑群为评价对象。评价单栋建筑时,凡涉及室外总体的相关指标,应基于物流建筑或标准厂房所属工程项目的总体进行评价。

3.1.2 绿色通用厂房(库)评价应在项目工程竣工后进行。在施工图设计完成后,可进行预评价。

3.1.3 申请评价方应对参评的通用厂房(库)进行全寿命期技术和经济分析,选用适宜技术、设备和材料,对规划、设计、施工、运行阶段进行全过程控制,并应在评价时提交相应的分析、测试报告和相关文件。申请评价方应对所提交资料的真实性和完整性负责。

3.1.4 评价时,应对申请评价方提交的分析、测试报告和相关文件进行审查,出具评价报告,确定等级。

3.1.5 申请绿色金融服务的项目,应对节能措施、节水措施、建筑能耗和碳排放等进行计算和说明,并应形成专项报告。

3.2 评价方法

3.2.1 绿色通用厂房(库)评价指标体系应由室外总体、安全耐久、资源节约、室内健康、运营高效 5 类指标组成,每类指标均包括控制项和评分项。评价指标体系还在本标准第 9 章中统一设置提高与创新加分项。

3.2.2 控制项的评定结果应为达标或不达标。全部达标时,控制项基础分值为 400 分;评分项和提高与创新加分项的评定结果应为分值,当提高与创新加分项得分之和大于 100 分时,应取为 100 分。绿色通用厂房(库)评价指标分值设定应符合表 3.2.2 的规定。

表 3.2.2 绿色通用厂房(库)评价分值

	控制项基础分值 Q_0	评价指标评分项满分值					提高与创新加分项满分值 Q_A
		室外总体 Q_1	安全耐久 Q_2	资源节约 Q_3	室内健康 Q_4	运营高效 Q_5	
预评价分值	400	100	100	200	100	70	100
评价分值	400	100	100	200	100	100	100

3.2.3 绿色通用厂房(库)评价的总得分按式(3.2.3)进行计算后得出:

$$Q = (Q_0 + Q_1 + Q_2 + Q_3 + Q_4 + Q_5 + Q_A)/10 \quad (3.2.3)$$

式中:Q——总得分;

　　Q_0——控制项基础分值,当满足所有控制项的要求时,取400 分;

$Q_1 \sim Q_5$——分别为评价指标体系 5 类指标(室外总体、安全耐久、资源节约、室内健康、运营高效)的评分项得分;

　　Q_A——提高与创新加分项得分。

3.3 等级划分

3.3.1 绿色通用厂房(库)评价应划分为基本级、一星级、二星级、三星级共 4 个等级。

3.3.2 绿色通用厂房(库)等级应按下列要求确定:

　　1 基本级应满足本标准全部控制项要求。

2 一星级、二星级、三星级 3 个等级均应满足本标准全部控制项的要求,且各类指标的评分项得分不应小于其评分项总分值的 30％。

3 当总得分分别达到 60 分、70 分、85 分时,绿色通用厂房(库)等级分别为一星级、二星级、三星级。

4 室外总体

4.1 控制项

4.1.1 项目选址应符合本市现行产业发展、区域发展、工业园区或产业聚集区规划,符合各类保护区、限制和禁止建设区的建设控制要求,以及项目所在地区规划要求。

4.1.2 场地内不应有排放超标的污染源,不影响周边环境质量。

4.1.3 项目建设用地应符合国家和本市现行工业项目建设用地控制指标的要求。

4.1.4 场地内应设置便于识别和使用的标识系统。

4.1.5 场地内应合理设置废弃物分类、回收或处理的场所和专用设施,并与周围环境协调,便于清运。

4.2 评分项

Ⅰ 场地规划与交通运输

4.2.1 场地竖向设计合理确定场地设计标高,采取措施减少土方运输量,评价分值为 7 分。

4.2.2 物流运输优先利用社会资源。评价总分值为 12 分,按下列规则分别评分并累计:

    1 场地外部交通运输便捷,满足下列要求中 1 项,得 6 分;满足 2 项及以上,得 8 分。

        1) 场地出入口距离码头、航空港、公路港的车行距离不大于 16 km;

  2）场地出入口距离一、二级公路或城市快速路、主干道的车行距离不大于 1.6 km；

  3）场地出入口距离铁路货运站点的车行距离不大于 16 km。

 2 外部运输纳入综合运输体系,得 4 分。

4.2.3 场地交通组织合理,物流运输顺畅、线路短捷。评价总分值为 12 分,按下列规则分别评分并累计:

 1 物流运输线路顺畅、安全、短捷、不折返,物流停车设施靠近主要物流出入口或仓库区,得 6 分。

 2 客货分流,运输繁忙的货车与客车流线不产生交叉,得 6 分。

4.2.4 场地与公共交通站点联系便捷,合理配置通勤班车,评价总分值为 9 分,按下列规则分别评分并累计:

 1 场地出入口到达公共交通站点或共享巴士停靠站点的步行距离不大于 1 000 m,得 4 分。

 2 合理配置通勤班车,且班车数量、频次、站点及停车位数量满足员工上下班需求,得 5 分。

Ⅱ 室外环境与污染控制

4.2.5 场地环境噪声符合现行国家标准《工业企业厂界噪声排放标准》GB 12348 的规定,评价分值为 6 分。

4.2.6 总平面布局有利于自然通风,且避免布局不当而引起的污染,评价总分值为 8 分,按下列规则分别评分并累计:

 1 结合场地风环境,对产生高温、有害气体、烟、雾、粉尘的设施,以及有洁净要求的生产设施进行合理布局,得 4 分。

 2 有自然通风需求的建筑,过渡季、夏季典型风速和风向条件下,50% 以上可开启外窗室内外表面的风压差大于 0.5 Pa,得 4 分。

4.2.7 采取措施降低热岛强度,评价总分值为 8 分,按下列规则

分别评分并累计:

1 场地中处于建筑阴影区外的机动车道,路面太阳辐射反射系数不小于 0.4,或乔木、构筑物等遮阴面积达到路面面积的 10%,得 4 分。

2 屋顶太阳能板水平投影面积、太阳辐射反射系数不小于 0.4 的屋面面积及屋顶绿化面积合计达到屋顶面积的 75%,得 4 分。

4.2.8 室外吸烟区位置布局合理,且满足仓库、厂房对禁烟的安全距离要求,评价总分值为 7 分,按下列规则分别评分并累计:

1 室外吸烟区布置在建筑主出入口的主导风的下风向,与所有建筑出入口、新风进气口和可开启窗扇的距离不小于 8 m,且距离室外活动场地不小于 8 m,得 4 分。

2 室外吸烟区与绿植结合布置,并合理配置座椅和带烟头收集的垃圾筒,从建筑主出入口至室外吸烟区的导向标识完整、定位标识醒目,吸烟区设置吸烟有害健康的警示标识,得 3 分。

Ⅲ 场地生态与景观

4.2.9 充分保护或修复场地生态环境,合理布局建筑及景观,评价分值为 5 分,按下列规则评分:

1 保护场地内原有的自然水域、湿地和植被等,保持场地内的生态系统与场地外生态系统的连贯性,得 5 分。

2 采用净地表层土回收利用等生态补偿措施,得 5 分。

3 根据场地实际情况,采取其他生态恢复或补偿措施,得 5 分。

4.2.10 绿地率符合规划要求,且合理选择绿化方式,科学配置绿化植物,评价总分值为 10 分,按下列规则分别评分并累计:

1 根据项目的生产性质进行合理绿化配置,植物种植适应本地气候和土壤,且无毒害、易维护,得 5 分。

2 合理采用立体绿化,得 5 分。

4.2.11 对场地雨水实施年径流总量控制,评价总分值为 10 分,按表 4.2.11 的规则评分。

表 4.2.11　年径流总量控制率评分规则

年径流总量控制率 f_r	得分
50%≤f_r<55%	6
55%≤f_r<60%	7
60%≤f_r<65%	8
65%≤f_r<70%	9
f_r≥70%	10

4.2.12 对场地雨水实施年径流污染控制,评价总分值为 6 分,按表 4.2.12 规则评分。

表 4.2.12　年径流污染控制率评分规则

年径流污染控制率 f_p	得分
35%≤f_p<40%	2
40%≤f_p<45%	3
45%≤f_p<50%	4
50%≤f_p<55%	5
f_p≥55%	6

5 安全耐久

5.1 控制项

5.1.1 场地应避开地质危险地段,易发生洪涝地区应有可靠的防洪涝基础设施;场地应无危险化学品、易燃易爆危险源的威胁,应无电磁辐射危害。

5.1.2 建筑结构应满足承载力和建筑使用功能要求。

5.1.3 建筑外墙、屋面、门窗、幕墙及外保温等围护结构以及雨棚、太阳能设施等外部设施应满足安全、耐久和防护的要求,外部设施应与建筑主体结构统一设计、施工,并应具备安装、检修与维护条件。

5.1.4 建筑内部的非结构构件、设备等应连接牢固并能适应主体结构变形。

5.1.5 外门窗、幕墙的抗风压性能、水密性应符合国家及本市现行相关标准的规定。

5.1.6 排烟天窗、屋顶风机、内天沟、变形缝等存在漏水隐患的部位应采取相应的防水措施以满足防水要求。

5.1.7 货架、分拣、输送设备的布置应满足人员疏散通行要求,且应保持畅通。

5.1.8 建筑应具有安全防护的警示和引导标识系统。

5.1.9 对于存在大面积地面荷载的建筑,应进行大面积地面荷载下的地基变形验算,同时主体结构基础在地基变形验算时还应计入大面积地面荷载引起的附加沉降。

5.2 评分项

Ⅰ 安 全

5.2.1 采用基于性能的抗震设计并合理提高建筑的抗震性能,评价分值为 10 分。

5.2.2 采取保障人员安全的防护措施,评价总分值为 15 分,按下列规则分别评分并累计:

    1 采取措施提高外窗、窗台、防护栏杆等安全防护水平,得 7 分。

    2 设置合理完备的防撞措施,得 8 分。

5.2.3 室内外地面或路面设置防滑措施,评价总分值为 7 分,按下列规则分别评分并累计:

    1 建筑出入口及平台、公共走廊、电梯门厅、卫生间等设置防滑措施,防滑等级不低于现行行业标准《建筑地面工程防滑技术规程》JGJ/T 331 规定的 B 级,得 3 分。

    2 建筑坡道、楼梯踏步防滑等级达到现行行业标准《建筑地面工程防滑技术规程》JGJ/T 331 规定的 A 级或按水平地面等级提高一级,并采用防滑条等防滑构造措施,得 4 分。

5.2.4 采取人车分流措施,且步行和非机动车交通系统有充足照明,评价总分值为 8 分,按下列规则分别评分并累计:

    1 采用人车分流措施,得 5 分。

    2 步行和非机动车交通道路有充足照明,得 3 分。

5.2.5 各种公用设备和管道、阀门、相关设施的安全性、严密性、防腐措施符合国家现行有关标准的规定,并已制定相应的应急措施,评价分值为 10 分。

Ⅱ 耐 久

5.2.6 采取提升建筑部品部件耐久性的措施,评价总分值为

20 分,按下列规则分别评分并累计:

    1 选用耐腐蚀、抗老化、耐久性能好的管材、管线、管件,得 10 分。

    2 选用长寿命的活动配件,并考虑部品组合的同寿命性;不同使用寿命的部品组合时,采用便于拆换、更新和升级的构造,得 10 分。

5.2.7 采用耐久性能好的建筑结构材料,评价总分值为 15 分,按下列规则分别评分:

    1 对于混凝土构件,提高钢筋保护层厚度或采用高耐久性混凝土,得 15 分。

    2 对于钢构件,采用耐候结构钢或耐候型防腐涂料,得 15 分。

5.2.8 合理采用耐久性好、易维护的装饰装修建筑材料,评价总分值为 15 分,按下列规则分别评分并累计:

    1 采用清水混凝土或其他耐久性好、易清洁的外饰面材料,得 5 分。

    2 采用耐久性好的防水和密封材料,得 5 分。

    3 采用耐久性好、易维护的室内装饰装修材料,得 5 分。

6 资源节约

6.1 控制项

6.1.1 物流建筑的建筑系数不低于 40％，标准厂房的建筑系数不低于 35％。

6.1.2 应结合场地自然条件和建筑功能需求，对建筑的体形、平面布局、空间尺度、围护结构等进行节能设计，并应符合本市现行有关节能设计标准要求。

6.1.3 通用厂房（库）能耗的范围、计算和统计方法应符合本标准附录 A 的规定，单位产品（或单位容积、单位建筑面积）能耗指标应达到本市同行业基本水平。生产工艺单位产品取水量指标应达到本市同行业基本水平。

6.1.4 主要功能房间的照明功率密度值不应高于现行国家标准《建筑照明设计标准》GB 50034 规定的现行值；公共区域的照明系统应采用分区、定时、感应等节能控制，天然采光区域的照明控制应能独立控制。

6.1.5 给水排水系统的设置应符合下列规定：

　　1 生活饮用水水质应满足现行国家标准《生活饮用水卫生标准》GB 5749 的要求。

　　2 生产工艺用水、景观水体、非传统水等的水质应符合国家现行相关标准的要求。

　　3 应制定水池、水箱等储水设施定期清洗消毒计划并实施，且生活饮用水储水设施每半年清洗消毒不应少于 1 次。

4 按废水水质分流排水,排放水质应符合现行上海市地方标准《污水综合排放标准》DB 31/199 的规定。

5 非传统水源管道和设备、工艺用水管道应设置明确、清晰的永久性标识。

6.1.6 应制定水资源利用方案,统筹利用各种水资源,并应符合下列规定:

1 应按使用用途、生产工艺单元、付费或管理单元,分别设置用水计量装置。

2 生活用水点处水压大于 0.2 MPa 的配水支管应设置减压设施,并应满足给水配件最低工作压力的要求。

3 二次供水系统的水池、水箱应设置超高水位联动自动关闭进水阀门装置。

4 用水设备应满足节水产品的要求。

6.1.7 严禁选用国家和本市禁止和限制使用的建筑材料及产品。选用的建筑材料和产品的有害物质限量应符合国家和本市现行有关标准的规定。

6.1.8 不应采用建筑形体和布置严重不规则的建筑结构。建筑造型要素应简约,装饰性构件的造价占建筑总造价的比例不应大于 0.5%。

6.1.9 选用本地生产的建筑材料,运输距离在 500 km 以内的建筑材料用量比例应大于 70%。

6.2 评分项

I 土地利用与总体规划

6.2.1 集约利用土地,提升场地利用效率,评价总分值为 13 分,按下列规则分别评分并累计:

1 项目容积率达到所在行业的相关规定对应的控制值,得 4 分;达到推荐值,得 7 分。

2 集约建设配套设施,得 3 分。

3 合理利用地下空间,得 3 分。

6.2.2 合理利用既有建筑、构筑物或地下基础进行建设,评价分值为 6 分。

6.2.3 合理设置员工通勤交通停车场所,机动车、非机动车停车位数量满足项目使用需求,合理设置新能源充电卡车或其他有充电需求的大型车辆停车位并满足使用需求,评价总分值为 16 分,按下列规则分别评分并累计:

1 员工停车区采用机械式停车库、地下停车库或停车楼等方式实现集约用地,得 4 分。

2 非机动车停车设施位置合理、方便出入,具有遮阳防雨设施并设置充电设施,得 3 分。

3 合理设置新能源交通工具的配套设施,且小车停车位配建充电设施的停车位数量比例不低于 15%,得 4 分。

4 当通用厂房(库)项目有新能源充电卡车或其他有充电需求的大型车辆时,需根据实际需求设置相关充电设施,得 3 分。

5 向社会开放停车位,利用错峰方法,缓解周边区域的停车问题,得 2 分。

Ⅱ 节能与能源利用

6.2.4 结合场地自然条件,对项目总平面进行优化布局,评价总分值为 8 分,并按下列规则分别评分并累计:

1 设备房位置合理,得 4 分。

2 设备房和室外管线布置考虑到分期建设的可能性,得 4 分。

6.2.5 采用有效措施降低供暖、空调和通风系统能耗,评价总分值为 20 分,按下列规则分别评分:

1 对设置供暖、空调的通用厂房(库),按下列规则分别评分并累计:

1）供暖、空调系统的冷、热源机组能效均优于现行上海市
工程建设规范《公共建筑节能设计标准》DGJ 08—
107 的规定以及国家现行有关标准能效限定值的要求，
评价总分值为 12 分，按表 6.2.5 的规则评分。

表 6.2.5　冷、热源机组能效提升幅度评分规则

机组类型		能效指标	参照标准	评分要求	
电机驱动的蒸气压缩机循环冷水(热泵)机组		制冷性能系数(COP)	现行上海市工程建设规范《公共建筑节能设计标准》DGJ 08—107	提高 6%	提高 12%
溴化锂吸收式机组	直燃型	制冷、供热性能系数(COP)		提高 6%	提高 12%
	蒸汽型	单位制冷量蒸汽耗量		降低 6%	降低 12%
单元式空气调节器、风管送风式、屋顶式空调机组		能效比(EER)		提高 6%	提高 12%
多联式分体空调(热泵)机组		制冷综合性能系数(IPLV)		提高 8%	提高 16%
燃气锅炉		热效率		提高 1 个百分点	提高 2 个百分点
房间空气调节器		全年能源消耗效率(APF)	国家现行相关标准	2 级能效等级限值	1 级能效等级限值
热泵热水机(器)		性能系数(COP)		节能评价值	
家用燃气快速热水器和燃气采暖热水炉		热效率(η)			
得分				6 分	12 分

2）集中供暖热水循环系统、空调冷热水系统循环泵的耗电
输冷(热)比比现行上海市工程建设规范《公共建筑节能
设计标准》DGJ 08—107 的规定值低 20%，得 5 分。

3）通风空调系统的单位风量耗功率比现行上海市工程建
设规范《公共建筑节能设计标准》DGJ 08—107 的规定
值低 20%，得 3 分。

2 对不设置供暖、空调的通用厂房(库),按下列规则分别
评分:

　　1)仅设置自然通风的通用厂房(库),通过建筑设计实现有
　　效利用自然通风,按如下规则评分:自然通风换气次数
　　1次/h<n<2次/h,得 10 分;自然通风换气次数 n≥
　　2次/h,得 20 分。

　　2)仅设置机械通风的通用厂房(库),通风系统单位风量耗
　　功率比现行上海市工程建设规范《公共建筑节能设计标
　　准》DGJ 08—107 的规定值低 20%,得 15 分。

6.2.6　采取有效措施降低部分负荷、部分空间使用下的供暖、通
风与空调系统能耗,评价总分值为 7 分,按下列规则分别评分:

　　1　对设置供暖、空调的通用厂房(库),按下列规则分别评分
并累计:

　　　　1)水系统、风系统采用变频技术,且采取相应的水力平衡
　　　　措施,得 3 分。

　　　　2)根据厂房条件和生产工艺要求,采用分层空调、工位空
　　　　调、区域空调等节能空调系统形式,得 4 分。

　　2　对不设置供暖、空调的通用厂房(库),在卸货区、理货区
等人员活动区域采用降温措施,得 7 分。

6.2.7　冷热源、输配系统和照明等各部分能耗进行独立分项计
量,评价总分值为 5 分,按下列规则分别评分:

　　1　按用电一级子项进行分项计量,得 3 分。

　　2　按用电二级子项进行分项计量,得 5 分。

6.2.8　合理采用节能型设备及节能控制措施,评价总分值为
20 分,按下列规则分别评分并累计:

　　1　主要功能房间的照明功率密度值达到现行国家标准《建
筑照明设计标准》GB 50034 规定的目标值,得 5 分。

　　2　自然采光区域的人工照明可随天然光照度变化实现调
节,得 3 分。

3 三相配电变压器满足现行国家标准《电力变压器能效限定值及能效等级》GB 20052 的 2 级要求,得 2 分;满足 1 级要求,得 4 分。

4 电力谐波治理符合国家现行有关标准规定的限值,得 4 分。

5 采用节能型水泵、风机,得 4 分。

6.2.9 合理利用可再生能源,评价总分值为 15 分,按表 6.2.9 的规则评分。

表 6.2.9　可再生能源利用评分规则

可再生能源利用类型和指标		得分
由可再生能源提供的空调用冷用热比例 R_{ch}	$20\% \leqslant R_{ch} < 35\%$	3
	$35\% \leqslant R_{ch} < 50\%$	6
	$50\% \leqslant R_{ch} < 65\%$	9
	$65\% \leqslant R_{ch} < 80\%$	12
	$R_{ch} \geqslant 80\%$	15
由可再生能源提供的电量比例 R_e	$20\% \leqslant R_e < 35\%$	3
	$35\% \leqslant R_e < 50\%$	6
	$50\% \leqslant R_e < 65\%$	9
	$65\% \leqslant R_e < 80\%$	12
	$R_e \geqslant 80\%$	15

Ⅲ　节水与水资源利用

6.2.10 使用较高水效等级的卫生器具,评价总分值为 10 分,按下列规则评分:

1 20% 以上卫生器具的水效等级达到 1 级,得 3 分。

2 50% 以上卫生器具的水效等级达到 1 级,得 6 分。

3 全部卫生器具的水效等级达到 1 级,得 10 分。

6.2.11 绿化浇灌采用节水灌溉方式,评价总分值为 10 分,按下

列规则评分:

    1 种植无需永久浇灌的植物,得 7 分。

    2 采用节水灌溉系统,得 7 分;在此基础上设置土壤湿度感应器、雨天关闭装置等节水控制措施,得 10 分。

6.2.12 空调冷却水系统采用节水设备或技术,评价总分值为 6 分,按下列规则评分:

    1 对空调循环冷却水系统设置水处理措施,采取加大集水盘、设置平衡管或平衡水箱等方式,避免冷却水泵停泵时冷却水溢出,得 4 分。

    2 采用无蒸发耗水量的冷却技术,得 6 分。

6.2.13 合理使用非传统水,评价总分值 14 分,按下列规则评分:

    1 非传统水占杂用水总用水量比例不低于 20%,或占生产用水总用水量比例不低于 10%,或占冲厕总用水量比例不低于 20%,得 4 分。

    2 非传统水占杂用水总用水量比例不低于 40%,或占生产用水总用水量比例不低于 20%,或占冲厕总用水量比例不低于 40%,得 6 分。

    3 非传统水占杂用水总用水量比例不低于 60%,或占生产用水总用水量比例不低于 40%,或占冲厕总用水量比例不低于 60%,得 10 分。

    4 非传统水占杂用水总用水量比例不低于 80%,或占生产用水总用水量比例不低于 60%,或占冲厕总用水量比例不低于 80%,得 14 分。

Ⅳ　节材与材料资源利用

6.2.14 建筑与工艺设备一体化设计,评价分值为 10 分。

6.2.15 合理采用工业化预制构件,评价总分值为 8 分,按下列规则评分:

    1 对于钢结构项目,直接得 8 分。

2 对于混凝土结构项目：

    1）45%≤预制率＜55%，或 65%≤装配率＜75%，得5分。

    2）预制率≥55%，或装配率＞75%，得8分。

3 对于混合结构项目：对其钢结构部分和混凝土结构部分分别按照本条第 1 款和第 2 款进行评价，得分取两项得分的平均值。

6.2.16 对地基基础、结构体系、结构构件进行优化设计，达到节材效果，评价总分值为 5 分，按下列规则评分：

    1 对地基基础进行优化设计，得 1 分。

    2 对结构体系进行优化设计，得 2 分。

    3 对结构构件进行优化设计，得 2 分。

6.2.17 合理采用高强建筑结构材料。评价总分值为 10 分，按下列规则评分：

    1 钢结构：

        1）由强度控制的构件采用 Q355 以上的比例不低于 70%，得 6 分。

        2）由强度控制的构件全部采用 Q355 以上，得 10 分。

    2 混凝土结构：

        1）HRB 400 MPa 以上受力钢筋的用量比例不低于 50%，得 6 分。

        2）HRB400 MPa 以上受力钢筋的用量比例不低于 70%，得 8 分。

        3）HRB400 MPa 以上受力钢筋的用量比例不低于 85%，得 10 分。

    3 混合结构：按本条第 1 款和第 2 款分别评价，取平均值。

6.2.18 选用可再循环材料、可再利用材料及利废建材，评价总分值为 12 分，按下列规则分别评分并累计：

    1 可再循环材料和可再利用材料的用量比例不低于 10%，

得 2 分;不低于 15%,得 3 分;不低于 30%,得 4 分。

　　2　采用一种以废弃物为原料生产的建筑材料,其占同类建材的用量比例不低于 50%,得 3 分;不低于 80%,得 4 分。

　　3　采用两种及以上以废弃物为原料生产的建筑材料,每一种用量比例均不低于 50%,得 4 分。

6.2.19　合理选用绿色建材,评价总分值为 5 分。绿色建材应用比例不低于 30%,得 3 分;不低于 50%,得 4 分;不低于 70%,得 5 分。

7 室内健康

7.1 控制项

7.1.1 室内的空气温度、湿度、风速应符合现行国家标准《物流建筑设计规范》GB 51157、《工业企业设计卫生标准》GBZ 1 等有关标准的规定,附属建筑应符合现行国家标准《民用建筑供暖通风与空气调节设计规范》GB 50736 的规定。

7.1.2 室内噪声应符合现行国家标准《工业企业设计卫生标准》GBZ 1、《工业企业噪声控制设计规范》GB/T 50087 和《声环境质量标准》GB 3096 等国家和行业现行有关标准的要求。

7.1.3 室内照明数量和质量应符合国家和行业现行有关标准的要求。

7.1.4 室内最小新风量应符合国家和行业现行卫生标准、规范的规定。

7.1.5 建筑围护结构内表面无结露、发霉现象。

7.2 评分项

Ⅰ 声环境和光环境

7.2.1 办公场所采取措施优化降低室内噪声,评价总分值为10分,按下列规则评分:

　　1 噪声级达到现行国家标准《民用建筑隔声设计规范》GB 50118 中的低限标准限值和高要求标准限值的平均值,得6分。

2 噪声级达到现行国家标准《民用建筑隔声设计规范》GB 50118 中的高要求标准限值,得 10 分。

7.2.2 采用机电消声减振综合设计施工运营技术,评价分值为 12 分。

7.2.3 采取措施改善厂房(库)室内天然采光效果,满足现行国家标准《建筑采光设计标准》GB 50033 的要求,评价总分值为 16 分,并按下列规则评分:

1 采光系数满足采光要求的面积比例达到 40%,得 8 分。

2 采光系数满足采光要求的面积比例达到 55%,得 10 分。

3 采光系数满足采光要求的面积比例达到 75%,得 12 分。

4 主要空间有眩光控制措施,得 4 分。

7.2.4 通过自然采光优化设计,改善非顶层内区自然采光效果,评价总分值为 12 分。非顶层内区采光系数满足现行国家标准《建筑采光设计标准》GB 50033 采光要求的面积比例达到 40%,得 6 分;面积比例达到 50%,得 12 分。

Ⅱ 室内湿热环境

7.2.5 按照不同功能区域设置温湿度独立调控装置,评价总分值为 8 分。

7.2.6 采取措施保障气流组织合理,评价总分值为 12 分,按下列规则分别评分并累计:

1 合理划分空调及通风区域,针对高大空间有优化气流组织的措施,得 7 分。

2 采取合理措施,避免污染物散发区域的空气串通到其他功能空间,得 5 分。

7.2.7 外门、外窗(包括透明玻璃幕墙、天窗)采用遮阳措施,评价总分值为 10 分。面积比例达到 5% 时,得 3 分;面积比例达到 10% 时,得 6 分;面积比例达到 20% 时,得 10 分。

Ⅲ 室内空气质量

7.2.8 对于作业人员密集及污染废气较多的货物产品生产处理区,设置环境监控系统且具备通风自动监控功能,评价分值为10分。

7.2.9 对洁净度有要求的通用厂房(库),应根据相关工艺要求,设置洁净度等自动监测及控制设施,评价分值为10分。

8 运营高效

8.1 控制项

8.1.1 物业管理机构应制定节能、节水、节材、绿化管理规定,并核查实施效果。

8.1.2 应制定垃圾管理规定,对生产和生活废弃物进行分类收集,垃圾容器设置规范。

8.1.3 对运行过程中产生的固废、废气、污水等污染物(含危险废物)应进行达标处置。

8.2 评分项

Ⅰ 管理规定

8.2.1 物业管理机构获得有关管理体系认证,评价总分值为 6 分,按下列规则分别评分并累计:

1 具有 ISO 14001 环境管理体系认证,得 2 分。

2 具有 ISO 9001 质量管理体系认证,得 2 分。

3 具有现行国家标准《能源管理体系要求》GB/T 23331 的能源管理体系认证,得 2 分。

8.2.2 节能、节水、节材、绿化的操作规程和预案完善,评价总分值为 8 分,按下列规则分别评分并累计:

1 相关设施的操作规程在现场明示,组织操作人员进行专业培训,得 4 分。

2 节能、节水、设施运行具有完善的应急预案,得 4 分。

8.2.3 实施能源资源管理激励机制,管理业绩与节约能源资源、提高经济效益挂钩,评价总分值为 8 分,按下列规则分别评分并累计:

    1 物业管理机构的工作考核体系中包含能源资源管理激励机制,得 4 分。

    2 与租用者的合同中包含节能条款,得 2 分。

    3 采用合同能源管理模式,得 2 分。

Ⅱ 管理措施

8.2.4 定期检查、调试公共设施设备,并根据运行检测数据进行设备系统的优化,评价总分值为 8 分,按下列规则分别评分并累计:

    1 具有设施设备的检查、调试和运行记录,得 4 分。

    2 制定并实施设备能效改进方案,得 4 分。

8.2.5 设置能耗管理系统,评价总分值为 12 分,按下列规则分别评分并累计:

    1 电、气等各种能耗设置自动监测管理系统,得 6 分。

    2 能耗管理系统具有统计分析功能,且统计分析数据完整,得 6 分。

8.2.6 设置用水远传计量系统,定期对非传统水源进行水质检测,评价总分值为 13 分,并按下列规则分别评分并累计:

    1 设置用水量远传计量系统,能分类分级统计和分析各种用水情况,得 5 分。

    2 利用计量数据进行管网漏损分析与整改,管道漏损率低于 5%,得 5 分。

    3 定期对非传统水源进行水质检测,得 3 分。

8.2.7 垃圾站(间)设置冲洗、通风、除尘、除臭等环境保护设施及消毒、杀虫、灭鼠等装置,评价总分值为 8 分,按下列规则分别评分并累计:

1 设置冲洗设施,得 4 分。

2 设置通风、除尘、除臭等设施,得 2 分。

3 设置消毒、杀虫、灭鼠等装置,得 2 分。

Ⅲ 智慧运行

8.2.8 各类设备自动监控系统完善,系统工作正常,评价总分值为 14 分,按下列规则分别评分并累计:

1 各种水泵、风机、电梯、集中空调等设备自动监控系统完善,得 7 分。

2 设备监控系统有上传和共享数据的接口,系统工作正常,运行数据完整,得 7 分。

8.2.9 通信网络系统和安防系统设置完善,运行效果满足建筑运行与管理的需要,评价总分值为 15 分,按下列规则分别评分并累计:

1 通信网络系统设置完善,运行数据保存完整,得 8 分。

2 安防系统设置完善,运行数据保存完整,得 7 分。

8.2.10 应用信息化手段进行物业管理,建筑工程、设施、设备、部品、能耗等档案及记录齐全,评价总分值为 8 分,按下列规则分别评分并累计:

1 设置物业管理信息系统,得 4 分。

2 物业管理数据与建筑智能化系统联网共享,得 4 分。

9 提高与创新

9.0.1 屋顶采用通风屋顶等隔热措施,或屋面板采用涂层技术,保证80%以上屋面的太阳辐射反射系数不小于0.75,评价分值为10分。

9.0.2 屋顶布置光伏板,采用出租屋面、合同能源管理的模式或发电上网,太阳能光伏板面积占屋顶可使用面积的比例大于90%,并经过论证达到较好效益,评价分值为10分。

9.0.3 通用厂房(库)使用者对物业管理服务进行满意度评价,抽样调查用户比例不低于80%。用户满意度分为满意、基本满意、不满意。评价总分值为10分,满意率达到60%以上,得6分;满意率达到80%,得10分。

9.0.4 合理利用可再生地进行建设,评价分值为10分。

9.0.5 采用资源消耗小的物流方式,评价分值为10分。

9.0.6 对设置供暖、空调的通用厂房(库),采用有效合理节能措施,评价总分值为10分,按以下规则分别评分并累计:

  1 根据工艺生产需要及室内外气象条件,采取合理措施降低过渡季节供暖、通风与空调系统能耗,得5分。

  2 空调系统采用温湿度独立控制空调系统、中温水二次再热、二次回风等节能技术,得5分。

9.0.7 采用分布式储能设备,利用峰谷电价差进行能源综合利用,评价分值为10分。

9.0.8 采用低散发性材料、采取空气处理措施或高效降噪措施等,降低厂房(库)内环境污染,评价总分值为20分。采取一项,得10分;采取两项及以上,得20分。

9.0.9 应用建筑信息模型(BIM)技术,评价总分值为10分。在建筑的规划设计、施工建造和运行维护阶段中的一个阶段应用，得 6 分；在两个阶段应用，得 8 分；在三个阶段应用，得 10 分。

9.0.10 进行建筑碳排放计算分析，采取措施降低单位建筑面积碳排放强度，评价分值为 10 分。

9.0.11 按照本市绿色施工相关标准要求进行施工和管理，评价总分值为 10 分，按下列规则评分：

1 项目绿色施工满足现行上海市工程建设规范《建筑工程绿色施工评价标准》DG/TJ 08—2262 要求，达到银级绿色施工示范工程，得 5 分。

2 项目绿色施工满足现行上海市工程建设规范《建筑工程绿色施工评价标准》DG/TJ 08—2262 要求，达到金级绿色施工示范工程，得 10 分。

9.0.12 采用建设工程质量潜在缺陷保险产品，评价总分值为 20 分，按下列规则分别评分并累计：

1 保险承保范围包括地基基础工程、主体结构工程、屋面防水工程的质量问题，得 12 分。

2 保险承保范围包括装修工程、电气管线、上下水管线的安装工程，供热、供冷系统工程和其他土建工程的质量问题，得 8 分。

9.0.13 采取节约资源、保护生态环境、保障安全健康、智慧高效运行、绿色金融等其他创新，并有明显效益，评价总分值为 30 分。每采取一项，得 10 分，最高得 30 分。

附录A 通用厂房(库)能耗的范围、计算和统计方法

A.0.1 通用厂房(库)能耗应包含下列内容：

1 用于照明、供暖、通风、空调、净化、制冷(包括风机、水泵、空气压缩机、制冷机、电动阀门、各类电机及设备、控制装置、锅炉、热交换机组等)系统的全年能耗量，不包括工艺能耗。

2 用于环境保护、职业健康安全预防设施的全年能耗量。

3 用于1~2款所没有涉及的各种设备和系统的电、煤、汽、水、气、油等各种能源的全年能耗量。

4 工艺设备回收的能量，当用于生活、改善室内外环境时，为回收该部分能量所消耗和回收的能量。

A.0.2 通用厂房(库)能耗指标应按下式计算：

$$I_j = I \times \frac{E_{aj}}{E_a} \tag{A.0.2}$$

式中：I_j——通用厂房(库)能耗指标。

I——通用厂房(库)综合能耗指标。

E_{aj}——全年通风厂房(库)能耗。当有行业清洁生产标准或国家、行业和地方规定的综合能耗指标时，可选择行业内有代表性且有施工图设计的若干企业按A.0.1条能耗范围和公式(A.0.2)进行计算；当无行业清洁生产标准或国家、行业和地方规定的能耗指标时，可选择本行业在节能方面做得好、较好、较差(符合国内基本水平的要求)且有施工图设计的若干企业按A.0.1条能耗范围和公式(A.0.2)进行计算。

E_a——全年综合能耗。

A.0.3 通用厂房(库)能耗的统计方法应根据 A.0.1 条通用厂房(库)能耗范围,按申请评价的项目统计期内各种通用厂房(库)能耗的实际分项计量,求得通用厂房(库)能耗。

A.0.4 各种能源折算成标准煤的系数应采用国家规定的当年折算值。电力折算标准煤系数按火电发电标准煤耗等价值计算,在实际应用中应以国家统计局正式公布数据为准。引用某行业标准煤耗时,按照行业清洁生产标准所规定的数据折算。

本标准用词说明

1 为便于在执行本标准条文时区别对待,对要求严格程度不同的用词说明如下:

　　1）表示很严格,非这样做不可的用词:

　　　　正面词采用"必须";

　　　　反面词采用"严禁"。

　　2）表示严格,在正常情况下均应这样做的用词:

　　　　正面词采用"应";

　　　　反面词采用"不应"或"不得"。

　　3）表示允许稍有选择,在条件许可时首先应这样做的用词:

　　　　正面词采用"宜";

　　　　反面词采用"不宜"。

　　4）表示有选择,在一定条件下可以这样做的用词,采用"可"。

2 标准中指明应按其他有关标准执行的写法为:"应符合……的规定(或要求)"或"应按……执行"。

引用标准名录

1 《声环境质量标准》GB 3096
2 《生活饮用水卫生标准》GB 5749
3 《工业企业厂界噪声排放标准》GB 12348
4 《电力变压器能效限定值及能效等级》GB 20052
5 《建筑采光设计标准》GB 50033
6 《建筑照明设计标准》GB 50034
7 《民用建筑隔声设计规范》GB 50118
8 《民用建筑供暖通风与空气调节设计规范》GB 50736
9 《物流建筑设计规范》GB 51157
10 《工业企业设计卫生标准》GBZ 1
11 《能源管理体系要求》GB/T 23331
12 《工业企业噪声控制设计规范》GB/T 50087
13 《建筑地面工程防滑技术规程》JGJ/T 331
14 《公共建筑节能设计标准》DGJ 08—107
15 《建筑工程绿色施工评价标准》DG/TJ 08—2262
16 《污水综合排放标准》DB 31/199

上海市工程建设规范

绿色通用厂房(库)评价标准

DG/TJ 08—2337—2020
J 15431—2020

条 文 说 明

2021　上海

目　次

Contents

1 总 则

1.0.1 作为建筑业践行绿色发展理念的重要载体,绿色建筑积极践行"适用、经济、绿色、美观"的建筑方针,是建筑业转型升级、提升品质的重要抓手,目前已呈现出全面实施、高质量发展的态势。与此同时,上海市作为国家"一带一路"倡议的桥头堡,以自贸试验区为制度创新载体,以基础设施建设为重点,以物流建筑、通用厂房为代表的通用厂房(库)的建设规模日益增长。为了更加科学引导通用厂房(库)的绿色建筑建设和高质量发展,为本市绿色通用厂房(库)的评价提供技术依据,为项目的勘察设计、施工建造和运营管理等阶段的绿色性能提升提供技术指导,制定本标准。

1.0.2 本条明确了本标准的适用范围,主要针对新建的物流建筑和标准厂房,改建、扩建通用厂房(库)在技术条件相同时可参照使用。对于为生产服务而毗邻布置的办公、科研与技术、生活与卫生设施、库房等配套附属建筑也可纳入评价范围。为人员生活所需建造的、独立在园区内设置的独栋建筑物不在本标准的评价范围内,如独立办公楼、职工食堂、职工宿舍、倒班楼、其他文化娱乐建筑等,应执行其他相关绿色评价标准。

1.0.3 绿色建筑应遵循因地制宜原则,注重地域性因素影响。在评价时,还应根据通用厂房(库)的实际使用功能,从规划设计、施工建造、运营管理到最终拆除的全寿命期的角度出发,统筹考虑其对资源、环境和使用者的不同要求。

1.0.4 符合国家和本市相关法律法规和有关标准是参与绿色通用厂房(库)评价的前提条件。本标准重点在于对厂房(库)建筑的绿色性能进行评价,并未涵盖物流建筑和标准厂房所应有的全部功能和性能要求,故参与评价的建筑尚应符合国家和本市现行有关标准的规定。

3 基本规定

3.1 一般规定

3.1.1 本条明确了绿色通用厂房(库)的具体评价对象。单栋物流建筑或者组团式物流建筑群、单栋标准厂房或者厂房群均可以参评绿色通用厂房(库),临时建筑不得参评。本条中的单栋建筑应为完整的建筑,不得从中剔除部分区域进行申报。

实际评价时,部分评价指标是针对通用厂房(库)工程项目整体设定的,如容积率、绿地率、年径流总量控制率等,或整个项目共享相同的技术方案(如园区共用一套雨水回用系统),此时,应以具体评价对象所属工程项目的总体指标要求为基准进行评价。

3.1.2 本条明确了绿色通用厂房(库)的评价时间节点。绿色建筑注重运行实效,本条参考国家标准《绿色建筑评价标准》GB/T 50378—2019 对于绿色建筑评价阶段的划分方法,将绿色通用厂房(库)评价定位在建筑工程竣工后进行。这么做,能够更加有效地约束绿色建筑技术落地,保证通用厂房(库)绿色建筑性能的实现。

本条提出"在施工图设计完成后,可进行预评价",主要是出于两个方面的考虑:一方面,预评价能够更早地掌握项目可能实现的绿色性能,可以及时优化或调整方案或技术措施,为建成后的运行管理做准备;另一方面是与现行的设计标识评价制度相衔接。

3.1.3 本条对申请评价方的相关工作提出要求。申请评价方应对通用厂房(库)全寿命期内各个阶段进行控制,优化建筑技术、设备和材料选用,按本标准的要求提交相应的分析、测试报告和相关文件,并对所提交资料的真实性和完整性负责。申请建筑工程竣工后的绿色建筑评价,项目所提交的一切资料均应基于工程竣工资料,不得以申请预评价时的设计文件替代。

3.1.4 本条对绿色建筑评价工作提出了要求。绿色建筑评价机构应按照本标准的有关要求审查申请评价方提交的报告、文档,并在评价报告中确定等级,评价机构还应根据具体项目情况,必要时,应组织现场核实,进一步审核规划设计要求的落实情况、实际性能和运行效果。各评价条文的具体评价方式在预评价、评价时存在一定的差异,详见本标准第 4~9 章各评价条文的条文说明中的"评价方式"。

3.1.5 本条参照现行国家绿色建筑评价标准对申请绿色金融服务的建筑项目提出了要求。2016 年 8 月 31 日,中国人民银行、财政部、国家发展改革委、环境保护部、银监会、证监会、保监会印发《关于构建绿色金融体系的指导意见》,指出绿色金融是指为支持环境改善、应对气候变化和资源节约高效利用的经济活动,即对环保、节能、清洁能源、绿色交通、绿色建筑等领域的项目投融资、项目运营、风险管理等所提供的金融服务。绿色金融服务包括绿色信贷、绿色债券、绿色股票指数和相关产品、绿色发展基金、绿色保险、碳金融等。对于申请绿色金融服务的通用厂房(库)项目,应按照相关要求,对其能耗和节能措施、碳排放、节水措施等进行计算和说明并形成专项报告。

3.2 评价方法

3.2.1 参考国家标准《绿色建筑评价标准》GB/T 50378—2019 和《绿色工业建筑评价标准》GB/T 50878—2013 的指标体系架构,将绿色通用厂房(库)的评价指标体系确定为室外总体、安全耐久、资源节约、室内健康、运营高效 5 类指标,每类指标均包括控制项和评分项。为了鼓励采用创新的建筑技术和产品建造更高性能的绿色通用厂房（库），评价指标体系还统一设置"提高与创新"加分项，详见本标准第9章的具体规定。

3.2.2 控制项为绿色通用厂房（库）的必备条件，控制项的评定应对条文逐一判定是否达标。评分项和加分项的评定结果表现为具体条文得分或不得分，需要对照具体评分项条文要求，根据项目的达标程度确定得分值。

本条规定的评价指标评分项满分值、提高与创新加分项满分值均为最高可能的分值。控制项基础分值400分的获得条件是满足本标准所有控制项的要求。评分项中"资源节约"指标包含了节地、节能、节水、节材的相关内容，故该指标的总分值高于其他指标。绿色通用厂房（库）鼓励创新，因此，在第9章集中设置了提高与创新加分项，该章节的满分值为100分。

对于竣工即进行评价的建筑，部分与运行有关的条文仍无法得分。例如本标准第8章"运营高效"第8.2.1~8.2.4条设置的评价指标为建筑项目投入使用后的要求，在预评价时无法进行评判，因此相比评价，预评价"运营高效"指标的评分项满分值由100分降为70分。另外，本标准第9章"提高与创新"第9.0.11条为施工相关要求，在预评价时无法进行评价，因此在预评价时不得分。

3.2.3 本条参考了国家标准《绿色建筑评价标准》GB/T 50378—2019的相关规定，对绿色通用厂房（库）评价中的总得分的计算方法作出了规定。参评建筑的总得分由控制项基础分值、评分项得分和提高与创新加分项得分三部分组成。控制项基础分值的获得条件是满足本标准所有控制项的要求，评分项得分按照5类指标评分项条文得分累加，提高与创新加分项得分应按本标准第9章的各条的评分要求进行累加（总分不超过100分）。

3.3 等级划分

3.3.1 本条参考国家标准《绿色建筑评价标准》GB/T 50378—

2019 的最新评价等级划分方式,将绿色通用厂房(库)分为 4 个等级,其中基本级为最低等级,三星级为最高等级。

3.3.2 控制项是绿色通用厂房(库)的必要条件,第 1 款提出当申报项目满足本标准全部控制项的要求时,其评价等级即达到基本级。第 2 款,当对绿色通用厂房(库)进行星级评价时,在第 1 款要求控制项全部达标的基础上,规定了每类评价指标的最低得分要求,以实现绿色性能均衡。

在满足第 1 款和第 2 款的前提下,按本标准第 3.2.3 条的规定计算得到绿色通用厂房(库)评价总得分。当总得分分别达到60 分、70 分、85 分时,绿色通用厂房(库)等级方可分别评定为一星级、二星级、三星级。

4 室外总体

4.1 控制项

4.1.1 本条适用于各类通用厂房(库)的预评价、评价。

建设项目的性质、组成、规模以及建设用地均应符合《全国主体功能区规划》以及本市现行的产业(行业)发展规划、区域发展规划、工业园区或产业聚集区规划的要求,应符合本市城市规划管理技术规定及项目所在地区的规划要求,还应符合建设项目选址意见的要求,得到管理部门的审查批准。

各类保护区是指受到国家法律法规保护、划定有明确的保护范围、制定有相应的保护措施的各类政策区。建设场地不得选择在基本农田保护区、国家及本市批准的各类自然保护区及野生动植物重要栖息地、自然风景区、历史风貌保护区等各类保护区及各类禁止建设区。若项目处于限制建设区或有条件建设区,但已被行政管理部门批准且采取了保护生态环境的措施,则视为符合本条规定。

场地内如有有价值的古树名木等,还应符合《上海市古树名木和古树后续资源保护条例》等规定。

【评价方式】

1 预评价:查阅建设项目建议书及立项批复、可行性研究报告及批复、项目(资金)申请报告的批复、环境影响评价报告书(表)及批复、地质勘查报告及批复、行政管理部门提供的法定规划文件、建设用地土地使用证、建设用地规划许可证、建设工程规划许可证、项目区位图、场地地形图、总平面图等。

2 评价:在预评价方法之外,还应查看项目竣工环境保护验收报告及批复、总平面竣工图,并现场核实。

4.1.2 本条适用于各类通用厂房(库)的预评价、评价。

项目场地内不应存在未达标排放或者超标排放的各类污染源。对可能产生有害气体、烟、雾、粉尘、废水、噪声、电磁辐射等污染的项目,应设置相应防护距离或采取防护、控制、治理措施,使所产生的有害物质满足国家和本市现行有关标准规定的要求,保持建设场地及其周边环境的质量达到国家和本市现行环保卫生标准的规定。

产生有害气体、烟、雾、粉尘等有害物质的通用厂房(库)与居住区之间,应按现行国家标准《制定地方大气污染物排放标准的技术方法》GB/T 3840 和有关工业企业设计卫生标准的规定,设置卫生防护距离。产生开放型放射性有害物质的通用厂房(库)的防护要求,应符合现行国家标准《民用爆炸物品工程设计安全标准》GB 50089 的有关规定;民用爆破器材生产企业的危险建筑物与保护对象的外部距离应符合现行国家标准《民用爆破器材工程安全设计规范》GB 50089 的有关规定;对《电磁辐射环境保护管理办法》豁免水平以上的电磁辐射建设项目应履行电磁辐射环境保护影响报告书的审批手续,并符合现行国家标准《电磁环境控制限值》GB 8702 的规定。

如项目中存在重点排污单位,应按规定安装使用自动监控设施,保证设施正常运行,并对自动监测数据的真实性和准确性负责,并符合《上海市环境保护条例》《污染源自动监控管理办法》《污染源自动监控设施现场监督检查办法》《上海市污染源自动监控设施运行监管和自动监测数据执法应用的规定》《上海市固定污染源自动监测建设、联网、运维和管理有关规定》等要求。

【评价方式】

1 预评价:查阅环境影响评价报告书(表)及批复、总平面图、各专业施工图纸、生产工艺图纸、污染治理相关专项设计文件或方案,审核应对措施的合理性,查看图纸是否落实相关防治措施。对《电磁辐射环境保护管理办法》豁免水平以上的电磁辐射建设项目,应查看电磁辐射环境影响报告书及批复。在申报时通用厂房(库)如未招租到相关运营企业,则应提供相关招租文件,并明确运营企业的环境管理要求。

2 评价:在预评价方法之外,还应现场核实污染防治措施落实情况及其有效性,包括现场核实污染物治理设施是否设置并运转正常,查看废气、废水、噪声等检测报告,核实废水、废气、噪声、电磁辐射的排放是否超标,固体废弃物是否分类收集并及时清运等。在申报时通用厂房(库)如未招租到相关运营企业,则应提供相关招租文件,并明确运营企业的环境管理要求。

4.1.3 本条适用于各类通用厂房(库)的预评价、评价。

工业项目建设用地控制指标包括投资强度、容积率、行政办公及生活服务设施用地所占比重、建筑系数、绿地率五项。控制指标是对一个工业项目(或单项工程)及其配套工程在土地利用上进行控制的标准,适用于新建工业项目。改建、扩建工业项目可参照执行。

再生地的天然资源少、生态环境差,即再生地的环境承载力小,对同样的建设规模,再生地的用地指标与一般的建设用地指标不同,具体数值须由项目所在地有关行政主管部门确定。

我国部分行业已制定了本行业项目建设用地控制指标,申请评价的项目建设用地应符合所属行业控制指标要求。

项目除符合国家现行规定外,还应符合上海市及所在地区的相关控制指标要求。

【评价方式】

1 预评价:查阅项目建设工程规划许可证及附图、总平面竣工图、项目用地指标计算书,以及地区及行业用地控制指标要求相关文件等。

2 评价:查阅项目建设工程规划许可证及附图、总平面竣工图、项目用地指标计算书,以及地区及行业用地控制指标要求相关文件等。

4.1.4 本条适用于各类通用厂房(库)的预评价、评价。

设置便于识别和使用的标识系统,通常包括引导类标识、识别类标识、定位类标识、说明类标识、限制类标识,能够为使用者带来便捷的使用体验,并起到提醒使用者注意安全的作用。

在标识系统设计和设置时,应考虑使用者的识别习惯,通过色彩、形式、字体、符号等整体进行设计,形成统一性和可辨识度,并充分考虑工作人员、外来司机和访客等对于标识的识别和感知的方式。因此,提出根据不同使用人群特点设置适宜的标识引导系统,体现出对不同人群使用需求的关注,例如设置人流车流标识、限高限速标识、停车位标识等易于司机识别的标识。建筑及场地的标识应沿通行路径布置,构成完整和连续的引导系统。

【评价方式】

1 预评价:查阅相关设计图纸、标识系统设计文件等。

2 评价:查阅竣工图等,并现场查看。

4.1.5 本条适用于各类通用厂房(库)的预评价、评价。

建设场地内应设置方便收集人员出入和废弃物运转的通道,设置废弃物分类、回收、处理专用设施和场所,并采取防扬散、防流失、防渗漏或者采取无二次污染的预防措施,为保护环境、再生材料资源创造条件。对暂时不利用或不能利用的废物,应在符合规定要求的贮存设施、场所分类安全存放或采取无害化处置措施,并执行国家、行业和上海市废物处理处置规定。

项目应根据《上海市生活垃圾管理条例》和所在地贯彻落实《上海市生活垃圾管理条例》推进全程分类体系建设的实施方案等的规定,科学合理设置生活垃圾分类收集容器和收集点。场地内生活垃圾分类收集容器和收集点的设置应符合垃圾分类投放需要,应考虑建筑布局、环境卫生、风向影响、与周围环境相协调,密闭并相对位置固定,方便生活垃圾投放、收集人员和车辆的操作。不得将危险废物、工业固体废物、建筑垃圾等混入生活垃圾。

【评价方式】

    1 预评价:查阅环境影响评价报告书(表)及批复、总平面施工图、废弃物回收处理相关图纸或专项设计文件。

    2 评价:在预评价方法之外,还应现场核实。

4.2 评分项

Ⅰ 场地规划与交通运输

4.2.1 本条适用于各类通用厂房(库)的预评价、评价。

    竖向场地设计时,应综合考虑场地地质、功能、施工、经济等多种因素,结合市政道路标高、市政雨污水条件等相关周边条件,在确保场地排水顺畅的情况下,确定场地竖向设计标高。竖向设计标高应根据场地标高,综合考虑各种现有条件,减少现场挖填方量。对施工中挖出的土方,应避免流失,进行回填利用,做到土方量挖填平衡;有条件时,考虑邻近施工场地间的土方资源调配。

【评价方式】

    1 预评价:查阅场地原地形图、总平面施工图(应标明竖向标高)、竖向设计图纸与实施方案。

    2 评价:查阅总平面竣工图及设计说明(应标明竖向标高)、土方量计算书等,需现场核实地形地貌与原设计的一致性。

4.2.2 本条适用于各类通用厂房(库)的预评价、评价。

    场地选择时宜靠近公路、城市快速路、主干道、铁路货运站点、码头、航空港或区域物流中心,减少运输能耗。

    在有条件的地区,宜采取专业化、社会化协作,将项目的外部运输纳入综合运输体系。

【评价方式】

    1 预评价:查阅总平面图、物流专项设计资料、项目区位图或所在地地图,并在图纸中标出场地到达码头、航空港或公路港、一二级公路、城市快速路、主干道、铁路货运站点的车行线路、车行距离,项目内部原材料、在制品及产成品的运输方案或设计资料。

2 评价:在预评价方法之外,还应查看项目实际与外部运输关联的组织记录,并现场核实。

4.2.3 本条适用于各类通用厂房(库)的预评价、评价。

场地内物流运输组织包括物流流线组织、运输路网流线组织、人流流线组织。

平面布置应合理组织货车和客车流线,厂房、仓库、室外堆场、停车场的相互位置宜有利于物流运输流线顺畅、安全、高效,使厂区内、外部运输、装卸、储存形成完整、连续的运输系统;宜客货分流,运输繁忙的线路应避免平面交叉。

【评价方式】

1 预评价:查阅总平面施工图、场地交通分析图及物流专项设计资料。

2 评价:在预评价方法之外,还应查看项目实际运输的组织、方式、装备等记录,并现场核实。

4.2.4 本条适用于各类通用厂房(库)的预评价、评价。

项目选址应考虑利用公共交通,包括城市公交、地铁、轻轨等,场地规划应注重场地人行出入口的位置与城市交通网络的有机联系,距离按距离公共交通站点最近的人行出入口到公交站点的步行距离计算。考虑到共享巴士也是共享出行、集约出行的一种方式,如项目出入口步行距离1 000 m内有共享巴士停靠站点,本条第1款也可得分。

当城市公共交通工具无法利用或利用不便时,宜配置通勤班车(包括租赁)及其停车场、站点,班车数量、频次应满足员工上下班需求,并有相应的管理规定。

【评价方式】

1 预评价：查阅总平面施工图、场地周边公共交通设施布局图(应标出场地出入口到达公共交通站点或共享巴士停靠站点的步行线路、步行距离)、班车停车位、班车配置及运行计划等。

2 评价：在预评价方法之外应查阅竣工图、现场照片、班车路线图及发车时刻表等相关管理规定,并现场核实。

Ⅱ 室外环境与污染控制

4.2.5 本条适用于各类通用厂房(库)的预评价、评价。

项目在规划设计阶段,应做全面的声环境分析,包括但不限于场地噪声检测、施工期噪声分析和运营期噪声分析;必要时,应采取有效噪声控制措施,使场地环境噪声符合现行国家标准《工业企业厂界噪声排放标准》GB 12348 的规定。

项目投入使用并正常运行后,噪声评价应以场地噪声现场检测结果作为依据。

【评价方式】

1 预评价：查阅环境影响评价报告书(表)及批复、现场噪声检测报告、噪声预测分析报告、噪声控制措施及其图纸等。

2 评价：查阅项目竣工环境保护验收报告、噪声检测报告、相关噪声控制措施竣工图等。

4.2.6 本条适用于各类通用厂房(库)的预评价、评价。无自然通风需求的建筑,本条第 2 款可直接得分。

项目规划过程中,总平面布局宜结合场地风环境进行优化,对产生高温、有害气体、烟、雾、粉尘的生产设施进行合理布局,避免对居民区、变电站、要求洁净的生产设施产生污染,并有利于室外散热和污染物消散。宜结合过渡季、夏季自然通风的需求进行总平面优化。

项目总平面布局可利用计算流体动力学手段,通过不同季节典型风向、风速对建筑外风环境进行 CFD 模拟;计算的边界条件在有实测的边界条件数据或气象参数标准时,应以实测数据或最新的气象参数标准为准。

【评价方式】

1 预评价:查阅总平面图、各专业设计文件、风环境模拟计算报告。

2 评价:查阅相关竣工图、风环境模拟计算报告并现场核实。

4.2.7 本条适用于各类通用厂房(库)的预评价、评价。

"热岛"现象在夏季出现,不仅会使人们高温中暑的概率变大,同时还容易形成光化学烟雾污染,并增加建筑的空调能耗,给人们的生活和工作带来负面影响。室外道路路面采用遮阴措施可有效降低地表温度,减少热岛效应,提高场地热舒适度。

第1款计算评估时,应注意以下要求:

① 建筑阴影区为夏至日 8:00—16:00 时段在 4h 日照等时线内的区域;

② 乔木遮阴面积按照成年乔木的树冠正投影面积计算,构筑物遮阴面积按照构筑物正投影面积计算。

第2款计算时,需计算屋顶绿化屋面面积、设有太阳能集热板或光电板的水平投影面积、反射率高的屋面面积之和与屋顶面积之比。其中,屋顶绿化、太阳能板、反射率高的屋面等各部分面积不可叠加进行重复计算。

【评价方式】

1 预评价:查阅总平面图、景观设计文件、屋顶绿化设计文件、屋面做法详图、太阳能设计文件及道路铺装详图;屋面、道路表面建材的太阳辐射反射系数统计表及面积统计表。

2 评价:在预评价方法之外,还应核实各项设计措施的实施情况,查阅建筑屋面、道路表面建材的太阳辐射反射系数测试报告。

4.2.8 本条适用于各类通用厂房(库)的预评价、评价。

场地内为有吸烟习惯的人群设置专门的室外吸烟区,有效地引导其在规定的室外合理范围内吸烟,做到"疏堵结合"。室外吸烟区的选择应满足现有及后续承租企业对于仓库、厂房等物品存储、生产工艺对禁烟的安全距离要求,同时还须避免人员、车流密集区、有遮阴的人员聚集区,建筑出入口、雨棚等半开敞的空间、可开启窗户、建筑新风引入口等位置,吸烟区内须配置垃圾筒和吸烟有害健康的警示标识。室外吸烟区的导向标识、警示标识的最远距离与标识本体的尺寸应符合现行国家标准《公共建筑标识系统技术规范》GB/T 51223、《公共信息导向系统导向要素的设计原则与要求 第1部分:总则》GB/T 20501.1、《公共信息导向系统导向要素的设计原则与要求 第2部分:位置标志》GB/T 20501.2的规定。

对于特定性质的厂房或厂区,因场地内严禁吸烟而不能设置吸烟区,本条直接得分,评价时需提供严格禁烟相关管理规定。

【评价方式】

1 预评价:查阅相关设计文件(含建筑总平面图、含吸烟区布置的景观施工图、标识系统设计等)。对严禁吸烟的特定性质厂房或厂区,需提供禁烟相关管理规定。

2 评价:查阅相关竣工图(含建筑总平面图、含吸烟区布置的景观施工图、标识系统设计等),吸烟区或禁烟相关管理规定,并现场核实。

Ⅲ 场地生态与景观

4.2.9 本条适用于各类通用厂房(库)的预评价、评价。

第1款,建设项目应对场地的地形和场地内可利用的资源进行勘察,减少开发建设过程对场地及周边环境生态系统的改变,包括原有植被、水体、地表行泄洪通道、滞蓄洪坑塘洼地等。在建设过程中确需改造场地内的地形、地貌、水体、植被等时,应在工程结束后及时采取生态复原措施,减少对原场地环境的改变和破坏。场地内外生态系统保持衔接,形成连贯的生态系统更有利于生态建设和保护。

第2款，表层土含有丰富的有机质、矿物质和微量元素，适合植物和微生物的生长，有利于生态环境的恢复。对于场地内未受污染的净地表层土进行保护和回收利用是土壤资源保护、维持生物多样性的重要方法。

第3款，基于场地资源与生态诊断的科学规划设计，在开发建设的同时采取符合场地实际的技术措施，并提供足够证据表明该技术措施可有效实现生态恢复或生态补偿，可参与评审。比如，在场地内规划设计多样化的生态体系，如湿地系统、乔灌草复合绿化体系、结合多层空间的立体绿化系统等，为本土动物提供生物通道和栖息场所。采用生态驳岸、生态浮岛等措施增加本地生物生存活动空间，充分利用水生动植物的水质自然净化功能保障水体水质。对于本条未列出的其他生态恢复或补偿措施，只要申请方能够提供足够相关证明材料即可认为满足得分要求。

【评价方式】

1 预评价：查阅场地原地形图、带地形的规划设计图、表层土利用方案、乔木等植被保护方案[保留场地内全部原有中龄期以上的乔木（允许移植）]、水体保留方案总平面图、竖向设计图、景观设计总平面图、拟采取的生态补偿措施与实施方案。

2 评价：需现场核实地形地貌与原设计的一致性，现场核实原有场地自然水域、湿地和植被的保护情况。对场地的水体和植被作了改造的项目，查阅水体和植被修复改造过程的照片和记录，核实修复补偿情况。查阅表层土收集、堆放、回填过程的照片、施工组织文件和施工记录，以及表层土收集利用量的计算书。

4.2.10 本条适用于各类通用厂房（库）的预评价、评价。

项目在规划设计阶段往往会对通用厂房（库）绿地率提出具体要求，本条要求有规划要求的项目首先须符合规划中绿地率的指标要求，然后再进行合理科学的绿化配置。

项目宜根据不同类型企业的生产特点及排放物的性质，结合本市的自然条件和周围环境条件,选用有利于周边环境净化的植物,满足所要达到的绿化效果,合理地确定各类植物的比例及配置方式。合理搭配乔木、灌木和草坪,以乔灌木为主,能够提高绿地的空间利用率、增加绿量,使有限的绿地发挥更大的生态效益和景观效益。植物配置应充分体现本地区植物资源的特点,突出地方特色。在苗木的选择上,要保证绿植无毒无害,保证绿化环境安全和健康。

鼓励各项目合理采用立体绿化。立体绿化是以建(构)筑物为载体,以植物材料为主体营建的各种绿化形式的总称,主要包括屋顶绿化、垂直绿化、沿口绿化、棚架绿化等。沿口绿化是以建(构)筑物边缘为载体,设置植物种植容器,以植物材料为主体营建的一种立体绿化形式,一般应用在高架沿口、天桥、窗阳台和建筑女儿墙沿口等,汽车坡道外沿设置的绿化带也可计入沿口绿化。采用以上方式之一即可得分,但应有适量的绿化面积:屋顶绿化面积占屋顶可绿化面积的比例不低于30%;沿口绿化的面积占沿口可绿化面积的比例不低于50%,或沿口绿化长度占坡道沿口长度的比例不低于50%;垂直绿化的面积占可绿化墙面面积的比例不低于10%。墙外种植的落叶阔叶乔木,也可对外墙起到遮阳作用,但不计入垂直绿化。室内垂直绿化、景观小品和围墙栏杆上的垂直绿化也不计入本条所指的立体绿化。

【评价方式】

1 预评价:查阅项目规划文件、景观设计文件,重点关注绿地率、绿化物种、场地内种植区域的覆土厚度;同时还应查阅设计图纸中标明的屋顶绿化、沿口绿化或垂直绿化的区域和面积。

2 评价:在预评价方法之外,还应现场核实实际栽种情况。

4.2.11 本条适用于各类通用厂房(库)的预评价、评价。

由于通用厂房(库)区域内均有集卡车出入,透水铺装的承载力很难保证,故厂区内铺装较少采用透水铺装。同时通用厂房(库)的屋顶面积大,降雨时排水集中,立管出水冲击力较大,也较难做到雨水衔接。综合以上原因,故本标准中以年径流总量控制率为指标,厂房根据项目自身情况选择适宜的雨水措施。

根据《上海市人民政府办公厅关于转发市住房城乡建设管理委制订的〈上海市海绵城市规划建设管理办法〉的通知》(沪府办〔2018〕42号)的要求,海绵城市相关设施与主体工程同步规划、同步设计、同步建设、同时使用。

应以所在地上位城市总体规划和海绵城市规划为主要依据,与城镇排水防涝、河道水系、道路交通、城市绿地和环境保护等专项规划和设计相协调,综合运用滞、蓄、净、排、渗、用等多种措施,充分利用场地空间设置绿色雨水设施或灰色雨水设施,有效落实上位规划中的年径流总量控制率指标。低影响开发设施应选用适合项目情况的措施,包括下凹绿地、透水铺装、屋顶绿化、管网调蓄、生物滞留设施、蓄水池等。

利用场地内的水塘、湿地、低洼地等作为雨水调蓄设施,或利用场地内设计景观(如景观绿地、旱溪和景观水体)来调蓄雨水,可实现有限土地资源综合利用的目标。能调蓄雨水的景观绿地包括下凹式绿地、雨水花园、树池、干塘等。

雨水下渗也是消减径流和径流污染的重要途径之一。"透水铺装"指既能满足路用及铺地强度和耐久性要求,又能使雨水通过本身与铺装下基层相通的渗水路径直接渗入下部土壤的地面铺装系统,包括采用透水铺装方式或使用植草砖、透水沥青、透水混凝土、透水地砖等透水铺装材料。通用厂房(库)的室外人行硬质地面等应合理采用透水铺装,地面的基层应采用强度高、透水性能良好、水稳定性好的透水材料。透水铺装材料性能及铺装技术要求应符合国家或地方现行相关标准。

【评价方式】

1 预评价:查阅相关设计文件(含规划批复文件、地形图、岩土工程勘察报告、总平面设计图)、场地竖向设计、海绵城市专项设计或方案、年径流总量控制率计算报告及附图等。

2 评价:查阅相关竣工图、年径流总量控制率计算报告及附图、管理规定、工作记录、分析报告,检查海绵设施与计算报告一致性,现场核实。

4.2.12 本条适用于各类通用厂房(库)的预评价、评价。

项目开发建设应以所在地上位城市总体规划和海绵城市规划为主要依据,与城镇排水防涝、河道水系、道路交通、城市绿地和环境保护等专项规划和设计相协调,综合运用滞、蓄、净、排、渗、用等多种措施,充分利用场地空间设置绿色雨水设施或灰色雨水设施,以绿为主,绿灰结合,有效落实上位规划中的年径流污染控制率(以 SS 计)指标。

屋面雨水和道路雨水是建筑场地产生径流的重要源头,易被污染并形成污染源,故宜合理引导其进入地面生态设施进行调蓄、下渗和利用或进入雨水蓄水池处理后利用。地面生态设施是指下凹式绿地、植草沟、树池等,即在地势较低的区域种植植物,通过植物截流、土壤过滤滞留处理小流量径流雨水,达到控制径流污染的目的。

【评价方式】

1 预评价:查阅相关设计文件(含规划批复文件、地形图、岩土工程勘察报告、总平面设计图)、场地竖向设计、海绵城市专项设计或方案、年径流污染控制率计算报告及附图等。

2 评价:查阅相关竣工图、年径流污染控制率计算报告及附图、管理规定、工作记录、分析报告,检查海绵设施与计算报告一致性,现场核实。

5 安全耐久

5.1 控制项

5.1.1 本条适用于各类通用厂房(库)的预评价、评价。

本条对绿色建筑的场地安全提出要求。建筑场地与各类危险源的距离应满足相应危险源的安全防护距离等控制要求,对场地中不利地段或潜在危险源应采取必要的避让、防护或控制、治理等措施,对场地中存在的有毒有害物质应采取有效的治理措施进行无害化处理,确保符合各项目安全标准。

场地的防洪设计应符合现行国家标准《防洪标准》GB 50201 和《城市防洪工程设计规范》GB/T 50805 的有关规定,选址尚应符合现行国家标准《城市抗震防灾规划标准》GB 50413 和《建筑抗震设计规范》GB 50011 的规定;电磁辐射应符合现行国家标准《电磁环境控制限值》GB 8702 和《电磁环境控制限值》GB 8702 的有关规定;土壤中氡浓度的控制应符合现行国家标准《民用建筑工程室内环境污染控制规范》GB 50325 的有关规定;场地及周边的加油站、加气站,以及燃油应急发电机的日用油箱、储油罐等危险源应满足国家及本市现行相关标准中关于安全防护等的控制要求。

关于含氡土壤,根据《中国土壤氡概况》的相关划分,上海整体处于土壤氡含量低背景、中背景区域,对工程场地所在地点不存在地质断裂构造的项目,可不提供土壤氡浓度检测报告。

【评价方式】

1 预评价:查阅项目区位图、场地地形图、工程地质勘察报告,可能涉及污染源、电磁辐射等需提供相关检测报告,核查相关污染源、危险源的安全避让防护距离或治理措施的合理性,项目防洪工程设计是否满足所在地防洪标准要求,项目是否符合城市抗震防灾的有关要求。

2 评价:查阅上述文件,必要时现场核实相关防护治理措施。

5.1.2 本条适用于各类通用厂房(库)的预评价、评价。

本条重点考量建筑结构自身的安全耐久。

建筑结构的承载力和建筑使用功能要求主要涉及安全与耐久,是通用厂房(库)长期使用的首要条件。结构设计应满足承载能力极限状态计算和正常使用极限状态验算的要求,并应符合国家及上海市现行相关标准的规定。同时,针对通用厂房(库)运行期内可能出现地基不均匀沉降、使用环境影响导致的钢材锈蚀等影响结构安全的问题,应定期对结构进行检查、维护与管理。

【评价方式】

1 预评价:查阅相关设计文件(含结构施工图、结构计算书等)。

2 评价:查阅相关竣工图(或竣工验收报告),必要时现场核实。

5.1.3 本条适用于各类通用厂房(库)的预评价、评价。

建筑外墙、屋面、门窗、幕墙及外保温等围护结构应满足安全、耐久和防护要求。建筑围护结构防水对于建筑美观、耐久性能、正常使用功能和寿命都有重要影响。因此,建筑外墙、屋面、地下室顶板、地下室外墙及底板等围护结构应符合现行国家标准《屋面工程技术规范》GB 50345、《地下工程水技术规范》GB 50108 和现行行业标准《建筑外墙防水工程技术规程》JGJ/T 235 等现行标准中关于防水材料和防水设计、施工的规定。雨棚、太阳能设施等外部设施应与建筑主体结构统一设计、施工,确保连接可靠,并应符合现行国家标准《装配式混凝土建筑技术标准》GB/T 51231 和现行行业标准《民用建筑太阳能光伏系统应用技术规范》JGJ 203 等现行相关标准的规定。

外部设施需要定期检修和维护，因此在建筑设计时应考虑后期检修和维护条件，如设计检修通道等。当与主体结构不同时施工时，应设预埋件，并在设计文件中明确预埋件的检测验证参数及要求，确保其安全性与耐久性。

【评价方式】

1 预评价：查阅相关设计文件（含建筑、结构、幕墙等专业施工图等）。

2 评价：查阅相关竣工图（或竣工验收报告）、相关材料检测报告，必要时现场核实。

5.1.4 本条适用于各类通用厂房（库）的预评价、评价。

本条重点考量建筑内部的非结构构件等与主体结构连接的安全耐久。

建筑内部的非结构构件包括非承重墙体、附着于楼屋面结构的构件、装饰构件和部件等。设备指建筑中为建筑使用功能服务的附属机械、电气构件、部件和系统，主要包括电梯、照明和应急电源、通信设备、管道系统、采暖和空气调节系统、烟火监测和消防系统等。建筑内部非结构构件、设备等应采用机械固定、焊接、预埋等牢固性构件连接方式或一体化建造方式与建筑主体结构可靠连接，防止由于个别构件破坏引起连续性破坏或倒塌。应注意的是，以膨胀螺栓（后置锚栓）、捆绑、支架、粘结等连接或安装方式均不能视为一体化措施，但在保证连接牢固的前提下可局部使用，不得大面积采用。

室内装饰装修除应符合国家现行相关标准和上海市现行地方标准的规定外，还需对承重材料的力学性能进行检测验证。装饰构件之间以及装饰构件与建筑墙体、楼板等构件之间的连接力学性能应满足设计要求，连接可靠并能适合主体结构在地震作用之外各种荷载作用下的变形。

【评价方式】

1 预评价:查阅相关设计文件(含结构施工图、结构计算书、各连接件、配件、预埋件的力学性能及检验检测要求等)、产品设计要求等。

2 评价:查阅相关竣工图(或竣工验收报告)、产品说明书、力学及耐久性能测试或试验报告,必要时现场核实。

5.1.5 本条适用于各类通用厂房(库)的预评价、评价。

门窗和幕墙是实现建筑物理性能的极其重要的功能性构件。设计时,外门窗和幕墙应以满足不同气候及环境条件下的建筑物使用功能要求为目标,明确抗风压性能、水密性等性能指标和等级,并应符合《塑料门窗工程技术规程》JGJ 103、《铝合金门窗工程技术规范》JGJ 214、《建筑幕墙》GB/T 21086、《玻璃幕墙工程技术规范》JGJ 102、《金属与石材幕墙工程技术规范》JGJ 133、《民用建筑外窗应用技术规程》DG/TJ 08—2242 等现行各类相关标准的规定。

外门窗和幕墙的检测与验收应按《建筑外门窗气密、水密、抗风压性能检测方法》GB/T 7106、《建筑幕墙气密、水密、抗风压性能检测方法》GB/T 15227、《建筑装饰装修工程质量验收标准》GB 50210、《建筑外窗气密、水密、抗风压性能现场检测方法》JG/T 211、《建筑门窗工程检测技术规程》JGJ/T 205、《民用建筑外窗应用技术规程》DG/TJ 08—2242 等现行各类相关标准的规定执行。

【评价方式】

1 预评价:查阅相关设计文件(含建筑、结构、幕墙等专业施工图、门窗及幕墙产品四性检测报告等)。

2 评价:查阅相关竣工图(或竣工验收报告)、门窗、幕墙及相关材料检测报告,必要时现场核实。

5.1.6 本条适用于各类通用厂房(库)的预评价、评价。

对于通用厂房(库)来说,防水节点的处理对于所储存的物品或工艺生产来说至关重要。压型金属板屋面与墙面系统不宜开洞,当必须开洞时应采取可靠的构造措施,保证不产生渗漏。屋面压型钢板用紧固件应采用带有防水密封胶垫的自攻螺钉。尽量避免使用内檐沟及内天沟,必须采用时,为避免垃圾堆积造成排水不畅产生渗漏,需及时清扫或者设置雨水篦子。当变形缝位于室内时,应采取有效的防水构造措施。

【评价方式】

1 预评价:查阅相关设计文件(含建筑、结构等专业施工图等)。

2 评价:查阅相关竣工图(或竣工验收报告),必要时现场核实。

5.1.7 本条适用于各类通用厂房(库)的预评价、评价。

在发生突发事件时,疏散和救护顺畅非常重要,必须在场地、建筑及设备设施设计中考虑对策和措施。建筑应根据其高度、规模、使用功能和耐火等级等因素合理设置安全疏散和避难设施。安全出口和疏散门的位置、数量、宽度及疏散楼梯间的形式,应满足人员安全疏散的要求。走廊、疏散通道等应满足现行国家标准《建筑设计防火规范》GB 50016、《防灾避难场所设计规范》GB 51143 等对安全疏散和避难、应急交通的相关要求。本条重在强调保持通行空间路线畅通、视线清晰、不受烟气影响,不应有机电箱等凸向走廊、疏散通道的设计,货架、分拣、输送设备等布置后不应影响人员疏散,防止对人员活动、步行交通、消防疏散埋下安全隐患。

【评价方式】

1 预评价:查阅建筑平面图等相关设计文件。

2 评价:查阅建筑平面图等相关竣工图、相关管理规定。

5.1.8 本条适用于各类通用厂房(库)的预评价、评价。

根据国家标准《安全标识及其使用导则》GB 2894—2008,可依据建筑用途按需设置禁止标识、警告标识、指令标识和提示标识。

安全警示标志能够起到提醒建筑使用者注意安全的作用,比如禁止攀爬、禁止依靠、禁止伸出窗外、禁止抛物、注意安全、当心碰头、当心夹手、当心车辆、当心坠落、当心滑倒、当心落水等。

设置安全引导指示标志,具体包括人行导向标识、紧急出口标志、避险处标志、应急避难场所标志、急救点标志、报警点标志以及其他促进建筑安全使用的引导标志等。对地下室、停车场等还包括车行导向标识。标识设计需要结合流线,合理安排位置和分布密度。在难以确定位置和方向的流线节点上,应增加标识点位以便明示和指引。如紧急出口标志,一般设置于便于安全疏散的紧急出口处,结合方向箭头设置于通向紧急出口的通道、楼梯口等处。

【评价方式】

1 预评价:查阅标识系统设计图纸及设计说明(有标识设计系统图纸和设计说明即可,不限定标识设置的数量、位置等)。

2 评价:查阅预评价涉及的竣工文件,查阅相关影像资料等,必要时现场核实。

5.1.9 本条适用于各类通用厂房(库)的预评价、评价。

本条重点考量结构基础、地面在大面积地面荷载下的变形验算(沉降、沉降差等)。

大面积地面荷载包括大面积填土(填料)和建筑范围内的地面堆载。大面积填土和地面堆载的设计和施工必须验算并保证填土及堆载区域的地基稳定性,同时必须验算对主体结构基础、临近建筑物及重要市政设施、地下管线等的变形和稳定的影响,并应加强施工监测。

通用厂房(库)的地面堆载很大,一般在 20.0 kN/m² ～ 60.0 kN/m²。有的厂房(库)因为工艺需要,室内外高差在 300 mm～1 300 mm,存在大面积填土(填料)。主体结构基础计算时,应考虑大面积填土和地面堆载引起的对建筑物的倾斜、沉降、桩基负摩阻力等不利影响,应采取相应措施。相应的建筑物地基容许变形值应满足上海市现行工程建设规范《地基基础设计标准》DGJ 08—11 的相应规定。

位于软土地基上的通用厂房(库),在大面积填土和地面堆载作用下,应通过计算预估地面的沉降量。如采用天然地基无法满足沉降要求时,应采取复合桩基、真空预压、超载预压等地基处理措施或者直接采用桩基,防止地面出现地基不均匀变形,保证满足正常使用。

【评价方式】

1 预评价:查阅相关设计文件(含结构施工图、结构计算书、沉降计算书等)。

2 评价:查阅相关竣工图(或竣工验收报告)、沉降观测报告,并现场核实。

5.2 评分项

Ⅰ 安 全

5.2.1 本条适用于各类通用厂房(库)的预评价、评价。

采用基于性能的抗震设计并适当提高建筑的抗震性能指标要求,如针对重要结构构件采用"中震不屈服""中震弹性"及以上的性能目标,或者为满足使用功能而提出比现行标准要求更高的抗震设防要求(抗震措施、刚度要求等),可以提高建筑的抗震安全性及功能性;采用消能减震等抗震新技术,也是提高建筑的设防类别或提高抗震性能要求的有效手段。

针对通用厂房(库)的结构体系,一般框架居多,框架-支撑、框架-剪力墙少有,可采用的抗震性能设计措施建议如下:

1 抗震设防要求高于国家和本市现行抗震规范的要求。如采用地震力放大系数不小于 1.1、抗震构造措施提高一级、层间位移角限值不大于规范限值的 90% 以上等措施,均可适当提高建筑的抗震性能。

2 采用抗震性能化设计。如针对剪力墙的底部加强区的约束边缘构件按"中震不屈服"、框架-支撑的支撑框架按抗弯"中震不屈服"、抗剪"中震弹性"设计等,均可适当提高建筑的抗震性能。

3 采用消能减震等抗震新技术,也可提高建筑整体抗震性能。如采用框架增加普通支撑、屈曲约束支撑等消能减震技术,均可适当提高建筑的抗震性能。

结合对应的结构体系,满足以上抗震性能建议措施中的 1 项及以上,可得 10 分。

【评价方式】

1 预评价:查阅相关设计文件(含结构施工图、结构计算文件、项目抗震性能化设计专项报告等)。

2 评价:竣工评价查阅相关竣工图(或竣工验收报告)、结构计算文件、项目安全分析报告及应对措施结果,并现场核实。

5.2.2 本条适用于各类通用厂房(库)的预评价、评价。

第 1 款,参考现行行业标准《建筑防护栏杆技术标准》JGJ/T 470 等的有关规定,外窗、窗台、防护栏杆等强化防坠设计有利于降低坠物伤人风险,外窗采用高窗设计、限制窗扇开启角度等措施,防止物品坠落伤人。

第 2 款,为防止作业过程中车辆和其他运输设备对建筑及人员的伤害,应在相应的部位采取防护措施。防护措施包括设置防撞柱、防撞栏杆、防撞条等。例如,在月台、库门、落水管、消防设施、结构柱等部位加装防撞设施,并外涂警示色带等。厂房(库)内防火墙下部和多层库外墙下部设置矮墙,同样是为了避免库内行进车辆的安全事故。具体可参照国家标准《物流建筑设计规范》GB 51157—2016 第 9.1.11 条的规定。

【评价方式】

1 预评价:查阅相关设计文件(含建筑、装修、幕墙、门窗、景观、结构等专业施工图)。

2 评价:查阅相关竣工图(或竣工验收报告)、材料有关检测报告,必要时现场核实。

5.2.3 本条适用于各类通用厂房(库)的预评价、评价。

地面防滑对于保证人身安全至关重要。光亮、光滑的室内地面,因雨雪天气造成的室外湿滑地面和卫生间等湿滑地面极易导致伤害事故。按现行行业标准《建筑地面工程防滑技术规程》JGJ/T 331 的规定,A_w、B_w、C_w、D_w 分别表示潮湿地面防滑安全程度为高级、中高级、中级、低级,A_d、B_d、C_d、D_d 分别表示干态地面防滑安全程度为高级、中高级、中级、低级。

【评价方式】

1 预评价:查阅相关设计文件(含建筑施工图等)中的防滑要求。

2 评价:查阅相关竣工图(或竣工验收报告)、防滑材料有关检测报告,必要时现场核实。

5.2.4 本条适用于各类通用厂房(库)的预评价、评价。

第 1 款,建筑场地内的交通状况直接关系着使用者的人身安全。人车分流将行人和机动车分离开,互不干扰,可避免人车争路的情况,充分保障行人的安全。

第 2 款,步行和非机动车交通系统如果照明不足,往往会导致人们产生不安全感,特别是在通用厂房库的空旷公共区域。充足的照明可以消除不安全感,对降低犯罪率、防止发生交通事故、提高夜间行人的安全性有重要作用。夜间行人的不安全感和实际存在的危险与道路等设施的照度水平和照明质量密切相关。步行和非机动车交通系统照明以路面平均照度、路面最小照度和垂直照度为评价指标,其照明标准值应不低于现行国家标准《建筑照明设计标准》GB 50034 和现行行业标准《城市道路照明设计标准》CJJ 45 的有关规定。

【评价方法】

1 预评价:查阅照明设计文件、人车分流专项设计文件。

2 评价:查阅相关竣工图(或竣工验收报告),必要时现场核实。

5.2.5 本条适用于各类通用厂房(库)的预评价、评价。

各种公用设施和管道、阀门、相关设施封闭严密是安全正常运行的基本保证,管网的渗漏损失量应符合有关规定的要求。从给水安全性的角度,生活饮用水管道、给食品生产供水的给水管道,不应与非饮用水管道连接。对于输送具有易燃易爆危险的气体、液体等特殊介质的管道,减缓和防治腐蚀、确保管道系统的严密性是保证安全生产的根本措施之一,也是减少浪费,提高输送效率、保证正常生产的重要措施。制定有相应的应急措施,当管网出现渗漏、腐蚀等情况时能够及时有效地处理,最大限度地减少渗漏损失和危险情况的发生。

我国现行有关标准对输送不同介质的管道的严密性和防治腐蚀有相应的规定,如《城镇燃气设计规范》GB 50028、《工业金属管道设计规范》GB 50316、《工业建筑涂装设计规范》GB/T 51082、《城镇燃气埋地钢质管道腐蚀控制技术规程》CJJ 95、《建筑给水排水及采暖工程施工质量验收规范》GB 50242 等。

【评价方式】

1 预评价:查阅环评报告书(表)及批复,暖通、给排水、动力和电气施工图及设计说明,应急方案。

2 评价:项目竣工环境保护验收报告及批复,暖通、给排水、动力和电气施工图及设计说明,应急方案及工作记录。

Ⅱ 耐 久

5.2.6 本条适用于各类通用厂房(库)的预评价、评价。

第 1 款,主要是对管材、管线、管件提出耐腐蚀、抗老化、耐久性能好的要求。室内给水系统应采用耐腐蚀、抗老化、耐久等综合性能好的不锈钢管、铜管、塑料管(应符合现行国家标准《建筑给水排水设计规范》GB 50015 对给水系统管材选用要求)等;电气系统应采用低烟低毒阻燃型线缆、矿物绝缘类不燃性电缆、耐火电缆等。室外设备、管道及支架走道等设施应采取防腐耐老化措施,所有采用的产品均应符合国家现行有关标准规范规定的参数要求。

第2款,主要指建筑的各种五金配件、管道阀门、开光龙头等活动配件。倡导选用长寿命的优质产品,且构造上易于更换,同时还应考虑为维护、更换操作提供方便条件。门窗反复启闭性能达到相应产品标准的2倍,其检测方法须满足现行行业标准《建筑门窗反复启闭性能检测方法》JGJ/T 192的要求。遮阳产品的机械耐久性达到相应产品标准要求的最高级,其检测方法需满足现行行业标准《建筑遮阳产品机械耐久性能试验方法》JG/T 241的要求;水嘴寿命需超出现行国家标准《陶瓷片密封水嘴》GB 18145等相应产品标准寿命要求的1.2倍;阀门,其寿命需超出现行相应产品标准寿命要求的1.5倍。

【评价方式】

1 预评价:查阅建筑、给排水、电气、动力、装修等专业设计说明,部品部件的耐久性设计参数。

2 评价:除查阅预评价涉及的竣工文件,还应查阅第三方进场部品部件性能参数检测报告、产品说明书及有效型式检验报告,复核对应性能参数要求,必要时现场核实。

5.2.7 本条适用于各类通用厂房(库)的预评价、评价。

第1款,对于混凝土构件,提高耐久性的措施中增加钢筋保护层厚度最常用,但是,增加不同的钢筋保护层厚度,对耐久性的提高程度或造价的影响也不同。为便于量化评估,混凝土构件的保护层厚度满足现行国家标准《混凝土结构耐久性设计标准》GB/T 50476中的对应设计使用年限100年的相应要求时,可得分。本款要求项目根据实际情况合理采用高耐久性混凝土。高耐久性混凝土指满足设计要求下,结合具体的应用环境,对抗渗性能、抗硫酸盐侵蚀性能、抗氯离子渗透性能、抗碳化性能及早期抗裂性能等耐久性指标提出合理要求的混凝土。混凝土构件采用高耐久性混凝土,其各项性能的检测与试验应按现行国家标准《普通混凝土长期性能和耐久性能试验方法标准》GB/T 50082 的规定执行,测试结果应按现行行业标准《混凝土耐久性检验评定标准》JGJ/T 193 的规定进行性能等级划分。对应性能等级按Ⅰ~Ⅴ级划分时,满足Ⅲ级及以上可得分。

第 2 款,对于钢构件,耐候结构钢是指符合现行国家标准《耐候结构钢》GB/T 4171 要求的钢材;耐候型防腐涂料是指符合现行行业标准《建筑用钢结构防腐涂料》JG/T 224 的Ⅱ型面漆和长效型底漆。

对于采用多种类型构件的混合结构,应按不同类型构件进行具体的材料用量比例计算和评分,最终得分按照各种类型构件的材料质量进行加权平均计算,并按四舍五入法取整。

【评价方式】

1 预评价:查阅结构施工图、建筑施工图、结构计算文件等相关设计文件。

2 评价:查阅结构竣工图、建筑竣工图、材料决算清单、材料用量计算书等,必要时现场核实。

5.2.8 本条适用于各类通用厂房(库)的预评价、评价。

第 1 款,本款涉及的外饰面材料包括采用压型钢板、蒸压轻质砂加气混凝土板材、水性氟涂料或耐候性相当的涂料,选用耐久性与建筑设计年限相匹配的饰面材料等。采用水性氟涂料或耐候性相当的涂料,耐候性应符合现行行业标准《水性氟树脂涂料》HG/T 4104 中优等品的要求。采用清水混凝土可减少装饰装修材料用量,减轻建筑自重。因此,本款鼓励项目结合实际情况合理使用清水混凝土,既可用于建筑外立窗,也可用于室内装饰装修。屋面及墙面压型钢板需满足国家标准《压型金属板工程应用技术规范》GB 50896—2013 附录 C 中压型金属板镀层、表面涂层耐久性的要求。

第 2 款,主要涉及防水和密封材料,国家标准《绿色产品评价防水与密封材料》GB/T 35609—2017 对于沥青基防水卷材、高分子防水卷材、防水涂料、密封胶的耐久性提出了拉伸性能保持率、拉伸强度保持率、低温弯折性等具体指标要求,可供参考。

第 3 款,主要涉及室内装饰装修材料,包括选用耐洗刷性≥5 000 次的内墙涂料,选用耐磨性好的陶瓷地砖(有釉砖耐磨性不低于 4 级,无釉砖磨坑体积不大于 127 mm³),采用免装饰面层的做法(如清水混凝土,免吊顶设计),采用保温装饰一体化做法等。地库墙裙及潮湿环境机房或走道饰面涂料也应选择防潮材料,其中墙裙部分鼓励采用耐擦洗功能产品。

【评价方式】

1 预评价:查阅建筑和装修设计说明及材料表,必要时核查材料预算清单等相关说明文件。

2 评价:查阅建筑和装修竣工文件、材料决算清单及材料采购文件、材料性能检测报告等证明材料等,必要时现场核实。

6 资源节约

6.1 控制项

6.1.1 本条适用于各类通用厂房(库)的预评价、评价。

建筑系数的提高有利于土地的充分利用,须满足本市相关规定及本项目的规划条件要求。

建筑系数=(项目建筑物占地面积＋项目构筑物占地面积＋
项目堆场用地面积)÷项目总用地面积×100%

【评价方式】

1 预评价:查阅建设项目建议书的立项批复文件、项目建设用地规划许可证、项目建设工程规划许可证、总平面施工图、经济技术指标等。

2 评价:在预评价方法之外,还应现场核实。

6.1.2 本条适用于各类通用厂房(库)的预评价、评价。

通用厂房(库)的节能计算须满足国家标准《工业建筑节能设计统一标准》GB 51245—2017 的相关要求;对于规范要求不需要进行节能计算的建筑,本条不参评。附属建筑的节能计算要求须满足国家现行相关建筑节能设计标准的规定。

【评价方式】

1 预评价:查阅建设项目的设计说明、节能报告书、节能专篇等。

2 评价:在预评价方法之外,还应现场核实。

6.1.3 本条适用于各类通用厂房(库)的预评价、评价。

本条是控制项,要求单位产品(或单位容积、单位建筑面积)能耗指标、生产工艺单位产品取水量达到本市同行业基本水平。

能耗指标对评价绿色通用厂房(库)来说,是根本性、基础性的量化指标,至关重要。因此,本标准制定了共性的、统一的通用厂房(库)能耗指标计算、统计方法。可以按照此方法获得通用厂房(库)能耗指标用于评价,见本标准附录 A。对于物流建筑而言,采用单位容积能耗指标;对于通用厂房,采用单位产品能耗指标。

取水量包括取自城镇供水工程、企业从市场购得的其他水或水的产品(如蒸汽、热水等),不包括企业为对外供给市场水的产品(如蒸汽、热水)而取用的水量。计算或统计范围为主要生产建筑和附属生产建筑,其用途包括生产、生活、绿化、浇洒道路等,其中生活取水量应以平均日进行计算,但不包括消防。计算取水量时只计新鲜水量,不计非传统水水量,计算方法与现行国家标准《节水型企业评价导则》GB/T 7119 及《工业企业产品取水定额编制通则》GB/T 18820 保持一致。

可以选择本行业在节水方面做得好、较好、较差(符合国内基本水平的要求)且有施工图设计的若干企业进行计算,从而确定行业的相关水平,参评项目指标值通过与计算得出的行业水平指标进行比较,从而判断达到的水平。

【评价方式】

1 预评价:查阅项目能耗和水耗计算报告。

2 评价:查阅项目能耗和水耗计算报告;若项目运行 1 年及以上,则需提供连续 1 年的能耗和水耗数据分析报告。

6.1.4 本条适用于各类通用厂房(库)的预评价、评价。

照明能耗在厂房(库)及其附属建筑中的能耗中占有较大的比例,在现行国家标准《建筑照明设计标准》GB 50034 中,对仓库和厂房类工业建筑以及附属建筑的办公区域分别有照明功率密度现行值和目标值的要求。本条控制项的要求为不高于现行国家标准《建筑照明设计标准》GB 50034 中对应功能区域照明功率密度的现行值。

通用厂房(库)一般为大空间场所,照明系统的分区分组控制、定时感应控制、照度调节等措施对降低照明能耗作用很明显。附属建筑一般为办公区域,也可采用分区控制及智能控制方式实现照明节能。厂房(库)及其附属建筑的走廊、楼梯间、地下停车场等公共区域可采用定时、感应等节能控制措施。

采光区域的人工照明控制独立于其他区域的照明控制,有利于单独控制采光区的人工照明,实现照明节能。生产场所的人工照明按车间、工段或工序分组;照明灯列控制应与侧窗平行。当室外光线强时,室内的人工照明应可按回路关闭部分灯具,可根据室内照度和使用要求,实现分区开关,较好地节能。

【评价方式】

1 预评价:查阅电气施工图纸(需包含电气照明系统图、电气照明平面施工图)和设计说明(需包含照明设计要求、照明设计标准、照明控制原则等)、建筑照明功率密度的计算分析报告等。

2 评价:查阅电气竣工图、灯具检测报告、建筑照明功率密度值的现场检测报告,并现场核实。

6.1.5 本条适用于各类通用厂房(库)的预评价、评价。

未设置条款所述所有用水系统的项目,对应条款不参评。

第1款,建筑生活饮用用水点出水水质的常规指标应符合现行国家标准《生活饮用水卫生标准》GB 5749 的规定。现行国家标准《生活饮用水卫生标准》GB 5749 对饮用水中与人群健康相关的各种因素(物理、化学和生物)作出了量值规定,同时对为实现量值所做的有关行为提出了规范要求,包括生活饮用水水质卫生要求、生活饮用水水源水质卫生要求、集中式供水单位卫生要求、二次供水卫生要求、涉及生活饮用水卫生安全产品卫生要求、水质监测和水质检验方法等。现行上海市地方标准《生活饮用水水质标准》DB 31/T1091 是在现行国家标准《生活饮用水卫生标准》GB 5749 的基础上,提高了部分关键指标的要求,如将菌落总

— 72 —

数限值从 100 CFU/mL 调整为 50 CFU/mL,同时在国标 106 项指标基础上增加亚硝酸盐氮、N-二甲基亚硝胺(NDMA)、2-甲基异莰醇、土臭素和总有机碳(TOC)等 5 项指标。

第 2 款,对于通用厂房(库)来说,储水、加压设备、室外管道均为合用系统,因而,供水水质应不低于现行国家标准《生活饮用水卫生标准》GB 5749 的要求。进入建筑内,可根据具体项目要求,设置净化设备,满足相应的水质要求。比如:工业循环冷却水系统循环水水质应符合现行国家标准《工业循环冷却水处理设计规范》GB 50050 的规定;工艺给水水质需根据生产工艺的具体要求确定,例如电子行业工艺给水应满足电子工业超纯水水质标准的要求,而医药行业的给水应满足医药行业超纯水水质标准的要求。

现行国家标准《民用建筑节水设计标准》GB 50555 规定,景观用水水源不得采用市政自来水和地下井水,可采用中水、雨水等非传统水源或地表水。通用厂房(库)中的景观水景多为非亲水性的水景,水质达到现行国家标准《地表水环境质量标准》GB 3838 中规定的Ⅳ类标准的都可作为补充水。

非传统水源供水系统水质,应根据不同用途的用水满足"城市污水再生利用系列"标准,如现行国家标准《城市污水再生利用城市杂用水水质》GB/T 18920、《城市污水再生利用绿地灌溉水质》GB/T 25499、《城市污水再生利用景观环境用水水质》GB/T 18921 等的要求。

第 3 款,生活饮用水或合用储水设施,包括水池、水箱等储水设施的设计与运行管理应符合现行国家标准《二次供水设施卫生规范》GB 17051 的要求。

第 4 款,为保证污废水在排出的过程中减少沉积,避免不同物质互相反应产生有毒、有害气体,建筑排水应按水质分流,例如酸性废水不得与含氧废水混排;排出的生产废水水质应符合现行本行业清洁生产标准的要求,如电镀行业满足《清洁生产标准印制电路板制造业》HJ/T 450 的要求,白酒行业满足《清洁生产标准白酒制造业》HJ/T 402 的要求,纺织业(棉印染)满足《清洁生产标准纺织业(棉印染)》HJ/T 185 的要求;食堂、餐厅含油废水的排出应符合《建筑给水排水设计规范》GB 50015 的规定。生活排水应和工业排水分流,生产废水均应设置相应的水处理,排入市政管道的污水水质应符合上海市地方标准《污水综合排放标准》DB 31/199 的规定。

第 5 款,目前建筑行业有关部门仅对管道标记的颜色进行了规定,尚未制定统一的民用建筑管道标识标准图集,标识设置可参考现行国家标准《工业管道的基本识别色、识别符号和安全标识》GB 7231、《建筑给水排水及采暖工程施工质量验收规范》GB 50242 中的相关要求,如:在管道上设色环标识,两个标识之间的最小距离不应大于 10 m,所有管道的起点、终点、交叉点、转弯处、阀门和穿墙孔两侧等的管道上和其他需要标识的部位均应设置标识,标识由系统名称、流向等组成,设置的标识字体、大小、颜色应方便辨识,且应为永久性的标识,避免标识随时间褪色、剥落、损坏。

【评价方式】

1 预评价:查阅给水排水施工图设计说明,要求包含各类用水水质要求、水处理设备工艺、排水水质要求及处理措施,以及非传统水源管道和设备标识设置说明。

2 评价:查阅相关竣工文件,包含各类用水水质的要求、采用的自带水封便器的产品说明;项目各类用水调试完成后的水质检测报告和定期水质检测报告,报告至少应包含水源、水处理设施出水及最不利用水点的全部常规指标;储水设施的清洗消毒管理办法和相关记录;排水水质分流排放的相关证明文件;并现场核实非传统水源管道和设备标识设置情况。

6.1.6 本条适用于各类通用厂房(库)的预评价、评价。

通过全面分析,制定水资源利用方案,提高水资源循环利用率,减少市政供水量和污水排放量,是做好通用厂房(库)项目节水综合设计的重要环节。水资源利用方案需包含项目概况、水量计算及水量平衡分析、给排水系统设计方案介绍、节水器具及设备说明、非传统水源利用方案等内容。

第 1 款,按使用用途、付费或管理单位情况分别设置用水计量装置,可以统计各种用水部门的用水量并分析渗漏水量,达到持续改进节水管理的目的。同时,也可以据此实行计量收费,或节水绩效考核,促进行为节水。

第 2 款,用水器具给水配件在单位时间内的出水量超过额定流量的现象,称为超压出流现象,该流量与额定流量的差值,为超压出流量。超压出流量未产生使用效益,为无效用水量。给水系统设计时应采取措施控制超压出流现象,合理进行压力分区,并适当地采取减压措施,避免造成浪费。

当选用自带减压装置的用水器具时,该部分管线的工作压力满足相关设计规范的要求即可。当厂房因功能需要,选用特殊水压要求的用水器具时,可根据产品工作要求采用适当的工作压力,但应选用取水效率高的产品,并在说明中做相应描述。

第 3 款,现行上海市地方标准《二次供水设计、施工、验收、运行维护管理要求》DB 31/566 规定二次供水系统地下室泵房内的水池须设置超高水位报警和自动关闭进水阀门联动装置,本款在该标准的基础上强化,要求二次供水系统所有水箱、水池均设置超高水位报警和自动关闭进水阀门联动装置。

第 4 款,所有用水器具应满足现行国家标准《节水型产品通用技术条件》GB/T 18870 的要求。除特殊功能需求外,均应选用水效等级在 2 级及以上的节水型用水器具。

【评价方式】

1 预评价:查阅相关设计文件(含水表分级设置示意图、各层用水点用水压力计算图表、用水设备节水性能要求)、水资源利用方案及其在设计中的落实说明等。

2 评价:查阅相关竣工图、水资源利用方案及其在设计中的落实说明、用水设备产品说明书或产品节水性能检测报告等。

6.1.7 本条适用于各类通用厂房(库)的预评价、评价。

国家及本市绿色建筑评价标准中均要求建筑工程项目不得采用国家和本市主管部门禁止和限制使用的建筑材料及制品。近些年来本市主管部门陆续发布了禁限材料目录,包括高耗能、污染超标、有安全隐患的材料,绿色通用厂房(库)项目也应遵守此项要求。

建筑材料品种繁多,根据各类材料用途的不同,其对应的物理化学性能要求也不相同,所用建筑材料不会对室内环境产生有害影响是绿色建筑对建筑材料的基本要求。根据材料生产和使用技术等特点,可能对室内环境造成危害的主要是装饰装修材料、石材及厨卫制品、混凝土外加剂等,主要包括涂料、胶粘剂、卷材、人造板、大理石、混凝土防冻剂等。

关于各类建筑材料和产品应满足的有害物质限量要求,国家制定了《室内装饰装修材料人造板及其制品中甲醛释放限量》等9项建筑材料有害物质限量标准(GB 18580~GB 18588)和《建筑材料放射性核素限量》GB 6566。绿色通用厂房(库)项目在进行设计和材料选购时应遵循以上标准要求。

【评价方式】

1 预评价:查阅建筑设计说明、装修设计说明和材料概预算清单,审查是否采用了有害物质含量超标的建筑材料及禁限建材。

2 评价:查阅工程材料决算清单,确认项目是否未采用有害物质含量超标的建筑材料及禁限建材。

6.1.8 本条适用于各类通用厂房(库)的预评价、评价。

形体不规则的建筑,要比形体规则的建筑耗费更多的结构材料,不规则程度越高,对结构材料的消耗量越多、性能要求越高,不利于节材目标的实现。绿色通用厂房库的建筑设计应优先选用规则的建筑形体,避免严重不规则的情况出现。

本条根据现行国家标准《建筑抗震设计规范》GB 50011 的有关规定对建筑形体的规则性进行判定。建筑形体的规则与否应由设计单位按照标准相关规定逐项计算后判定,并在计算判定的基础上形成建筑形体规则性判定报告。

与公共建筑等民用建筑一样,本条引导通用厂房及物流仓储中在建筑设计时尽可能考虑装饰性构件兼具功能性,尽量避免设计纯装饰性构件,造成建筑材料的浪费。对装饰性构件,应对其造价占单栋建筑总造价的比例进行控制,装饰性构件造价不高于所在单栋建筑总造价的 0.5%。

本条中对于纯装饰性构件的定义,主要归纳为如下几种常见情况:

1）不具备遮阳、导光、导风、载物、辅助绿化等作用的飘板、格栅和构架等作为构成要素在建筑中大量使用。

2）单纯为追求标志性效果在屋顶等处设立塔、球、曲面等异型构件。

3）女儿墙高度超过标准要求 2 倍以上。

对有功能作用的装饰性构件,可提供其功能说明书进行功能介绍及说明。

【评价方式】

1　预评价:查阅建筑、结构设计说明及图纸,建筑形体规则性判定报告,有功能作用的装饰性构件的功能说明书,建筑工程造价预算表,装饰性构件造价占单栋建筑总造价比例计算书;审查装饰性构件造价占单栋建筑总造价比例及其合理性。

2　评价:查阅建筑、结构竣工图、建筑工程造价决算表、造价比例计算书等,审查造价比例及其合理性,并进行现场核实。

6.1.9　本条适用于各类通用厂房(库)的评价。

建材本地化是减少运输过程的资源、能源消耗,降低环境污染的重要手段之一。本条鼓励使用当地生产的建筑材料,提高就地取材的比例。本条参考国家标准《绿色建筑评价标准》GB/T

50378—2019 中第 7.1.10 条和《绿色工业建筑评价标准》GB/T 50878—2013 中第 7.2.6 条,参照上海地区的发展水平,制定具体指标要求。

本条中的运输距离是指建筑材料的最后一个生产工厂或场地到施工现场的距离,建筑材料用量比例按照建筑材料的重量为单位进行核算。

【评价方式】

1 预评价:本条不进行评价。

2 评价:查阅建筑材料进场记录、工程材料决算清单、本地生产建筑材料使用比例计算书,审查其计算合理性及使用比例。

6.2 评分项

Ⅰ 土地利用与总体规划

6.2.1 本条适用于各类通用厂房(库)的预评价、评价。

在满足建筑使用功能的前提下,建筑物、构筑物等宜采用联合、集中、多层布置,提升建设场地的利用效率。在《上海市产业用地指南(2019 版)》中,对产业项目的容积率指标设置了均值、控制值、推荐值和调整值,详见表 1 和表 2。

表 1 物流仓储用地容积率标准

类别名称	均值	控制值	推荐值	调整值
1. 通用仓储类	0.7	0.8	1.0	0.2
2. 保温冷藏类	0.5	0.6	0.7	0.2
3. 冷冻类	0.5	0.6	0.8	0.2
4. 化学危险品类	0.4	0.4	0.8	0.2
5. 城市配送类	0.6	0.6	0.8	0.2
6. 农副产品类	0.4	0.6	0.8	0.2
7. 堆场类	0.3	0.3	0.5	0.2

表 2　工业用地标准厂房类容积率标准

类别名称	控制值	推荐值	调整值
工业用地标准厂房类用地项目	1.5	2.0	0.6

对于层高 8 m 以上的通用厂房(库),容积率计算规则按项目所在地规定执行。如无具体规定,可依据《国土资源部关于发布和实施〈工业项目建设用地控制指标(试行)〉的通知》(国土资发〔2004〕232 号)附件 1"控制指标应用说明"关于容积率的指标解释中的说明:"当建筑物层高超过 8 米,在计算容积率时该层建筑面积加倍计算。"

集约建设配套设施是对配套设施的统一规划、合理共享,有助于减少重复建设及对场地的占用。配套设施包括场地内的动力设施和为员工服务的配套公用设施等。合理规划建设场地,集中或成组布置配套设施,整合零散空间,缩小配套设施的用地范围,提高建设场地的利用效率,促进土地资源的集约使用。如集中设置动力中心、设置室外一体化消防水箱(集成消防水泵房)、集中设置配套服务区等。

开发利用地下空间是城市集约利用用地的重要措施之一。地下空间可作为车库、机房、公共服务设施、交通通道、储藏等空间,其开发利用应与地上建筑及其他相关城市空间紧密结合、统一规划,满足安全、卫生、便利等要求。项目在经济合理的情况下对地下空间进行开发利用。地下建筑包含通用厂房(库)及附属建筑的地下空间。

【评价方式】

　　1　预评价:查阅建设项目建议书的立项批复文件、项目建设用地规划许可证、项目建设工程规划许可证、总平面施工图、经济技术指标、地下建筑设计施工图纸等。

　　2　评价:在预评价方法之外,还应现场核实。

6.2.2　本条适用于各类通用厂房(库)的预评价、评价。对于场地选址内无既有建筑、构筑物的项目,本项不得分。

在保障建筑质量安全的前提下,鼓励充分利用场地内既有建筑、构筑物、地下基础部分,或通过少量改造加固后能保证使用安全的既有建筑、构筑物、地下基础部分。

【评价方式】

1 预评价:查阅项目总平面施工图、既有建筑图纸及结构安全性检测报告、既有建筑利用专项设计文件、抗震加固鉴定报告等。

2 评价:在预评价方法之外,还应现场核实。

6.2.3 本条适用于各类通用厂房(库)的预评价、评价。

上海市工程建设规范《建筑工程交通设计及停车库(场)设置标准》DG/TJ 08—7—2014 中要求,工业建筑配建停车位指标宜结合内部工作岗位设置情况,通过开展交通影响评价或交通需求专项论证确定。其中,明确分类使用功能及其经济技术指标的,应按照相应功能对应的配建停车位指标分别计算。

因此,通用厂房(库)的机动车、非机动车数量宜结合交通评价确定,并满足项目使用需求。鼓励采用机械式停车库、地下停车库等方式集约用地。鼓励员工采用非机动车、新能源交通工具等绿色环保交通工具,并设计安全方便、规模适度、布局合理、符合使用者出行习惯的非机动车停车场所。鼓励员工采用新能源交通设施,并配置相应的停车和充电配套设施。鼓励向社会开放停车位,利用错峰方法,缓解周边区域的停车问题。

对于不适宜使用非机动车作为交通工具的情况,应提供专项说明材料;经论证,确不适宜使用非机动车作为交通工具的,本条第 2 款可直接得分。鼓励向社会开放项目停车位,在图纸上标注专供错峰停车车辆出入口,并提出相关流线示意的,本条第 5 款直接得分。

【评价方式】

1 预评价:查阅建筑总平面图(注明非机动车停车设施位

置、地面停车场位置），非机动车停车设施、机动车停车设施、新能源交通工具配套设施设计文件，共享停车或错峰停车措施等。

2 评价：查阅竣工图，非机动车停车设施、机动车停车设施、新能源交通工具配套设施现场照片，共享停车或错峰停车措施及记录，并现场核实。

Ⅱ 节能与能源利用

6.2.4 本条适用于各类通用厂房（库）的预评价、评价。

各类通用厂房（库）通常用地面积较大，而为了最大化利用场地面积，设备房一般均布置在边角位置。对于变电房、生活水泵房、冷热源机房等供能、供水核心设施而言，偏远的位置会增大输送能耗损失，因此需要在前期规划设计中进行总体考虑，尽量布置在用水、用能需求的中心位置。对于分期建设的项目，设备房的位置和大小应考虑后期建设的合理性。室外管线同样要考虑为后期项目的预留，在后期建设时避免对前期已建的道路造成破坏。

对于无分期建设要求的项目，第 2 款直接得分。

【评价方式】

1 预评价：查阅相关设计文件（含建筑、暖通、给排水、电气等专业施工图）以及分期建设策划书。

2 评价：查阅相关竣工图（含建筑、暖通、给排水、电气等施工图），并现场核实。

6.2.5 本条适用于各类通用厂房（库）的预评价、评价。

对于通用厂房（库）来说，是否设置供暖空调系统对于建筑节能设计和能耗计算有很大差异，因此本标准参照现行国家标准《工业建筑节能设计统一标准》GB 51245 对于工业建筑的节能分类，设置了不同条款进行分别评分。对于同一单体同时含有两款类型的建筑，按照各自的规则分别评分并取平均值。

特别地，对于城市市政热源，本条不对其热源机组能效进行评价。

第 1 款第 1 项,对于同时存在供暖、空调系统的项目,冷热源能效提升应同时满足本条的要求才能得分。现行上海市工程建设规范《公共建筑节能设计标准》DGJ 08—107 强制性条文分别对电机驱动的锅炉额定热效率。蒸气压缩循环冷水(热泵)机组的性能系数(COP)、单元式空气调节机、风管送风式和屋顶式空气调节机组的能效比(EER)、多联式空调(热泵)机组的制冷综合性能系数(IPLV(C))、直燃型溴化锂吸收式冷(温)水机组的性能参数提出了优化要求。其中,对于燃气锅炉,提升是以百分点的形式,例如在现行上海市工程建设规范《公共建筑节能设计标准》DGJ 08—107 中规定当燃气锅炉的额定热功率大于 1.4 MW 时,锅炉的额定热效率的规定值为 92%,若要满足本条提高 1 个百分点的要求,则需要选择额定热效率为 93% 的锅炉。

对于本市节能标准中未予规定的情况,例如家用燃气快速热水器和燃气采暖热水炉、热泵热水机(器)等其他设备作为供暖空调冷热源(含热水炉同时作为供暖和生活热水热源的情况),应以现行国家标准《家用燃气快速热水器和燃气采暖热水炉能效限定值及能效等级》GB 20665、《热泵热水机(器)能效限定值及能效等级》GB 29541 等中的节能评价值作为本条得分的依据,若在节能评价值上再提高一级,可以得到更高的分值。若使用房间空气调节器,则应以现行国家标准《房间空气调节器能效限定值及能效等级》GB 21455 作为得分依据,满足 2 级及以上级可获得对应的分值。

第 1 款第 2 项,应按照上海市工程建设规范《公共建筑节能设计标准》DGJ 08—107 中的第 4.2.6 和 4.4.7 条对集中供暖系统热水循环泵的耗电输热比、空调冷热水系统循环水泵的耗电输冷(热)比的要求进行评价。本条提出对以上参数的更优化要求,通过末端系统及输配系统的优化设计,降低末端和输配能耗。对于非集中采暖空调系统的项目,如分体空调、多联机空调(热泵)机组、单元式空气调节机等,本项可直接得分。

第 1 款第 3 项,对于采用分体空调和多联机空调(热泵)(多联机配管长度需满足相关规范要求)机组的,本项可直接得分。对于设置新风机的项目,新风机需参与评价。

第 1 款第 2 项和第 3 项主要判断参评项目是否采取了大温差空调冷水系统,或者更高效率的风机、水泵,评价其对输配系统能耗的影响。

对未设置供暖、空调的通用厂房(库)项目,第 2 款第 1 项,合理利用自然通风是有效的节能途径,且可改善室内空气品质,特别对有余热的厂房,首先应采用自然通风。应根据工艺生产、操作人员等实际需要,合理采用自然通风,避免盲目采用机械通风,浪费能源。为加强通风,可因地制宜选用屋顶自然通风器、通风天窗或开窗等形式,采用不同的形式和设置数量,其换气次数可达到不同程度的要求。为了引导项目采用自然通风,第 2 款的两项做了得分的差别性区分。对于不同空间的自然通风换气次数不同的情况,以及综合采用了自然通风和机械通风的项目,通过面积加权法计算出总分数并四舍五入,作为第 2 款的评价分值。

对同时采用本条两款的项目,则分别按照两款对应的规则进行评分并取平均值。

【评价方式】

1 预评价:查阅暖通施工图、暖通设备表、单位风量耗功率计算书、耗电输冷(热)比计算书、自然通风计算报告或模拟分析报告。

2 评价:查阅暖通竣工图、暖通设备表、单位风量耗功率计算书、耗电输冷(热)比计算书、自然通风计算报告或模拟分析报告、主要产品型式检验报告,必要时现场核实。

6.2.6 本条适用于各类通用厂房(库)的预评价、评价。

通用厂房(库)根据用途不同,需要考虑在部分负荷、部分空间使用条件下的运行调节措施;空调系统设计应考虑合理的分区形式、送回风方式,并采用水泵变频、风机变频等节能运行措施。

第 1 款第 1 项,主要针对输配系统,包括供暖、空调、通风等系统,如冷热源和末端一体化而不存在输配系统的,可认定为满足。对于采用变制冷剂注量的多联机或者分体空调,本款可直接得分。

第 1 款第 2 项:主要指空调的形式可通过灵活布置分区,达到节能的效果。高大空调厂房(通常指层高大于 10 m,体积大于 10 000 m³ 的厂房)采用分层空调方式可节约冷负荷约 30%。对只要求维持工作区域空调的厂房,分层空调是值得推荐的一种节能空调方式。有些厂房因生产工艺的特殊性,也可采用灵活的空调形式,如"工位空调"或"区域空调"等。

第 2 款,对于未设置供暖、空调的厂房(库)项目,鼓励在卸货区、理货区等人员活动区域采用降温措施,比如电风扇、局部制冷机等。

对同时采用本条两款的项目,则分别按照两款对应的规则进行评分并取平均值。

【评价方式】

1 预评价:查阅暖通施工图纸及设计说明、暖通设备表。

2 评价:查阅暖通竣工图纸及设计说明、运行记录、产品说明书、产品型式检验报告,并现场核实。

6.2.7 本条适用于各类通用厂房(库)的预评价、评价。

建筑能源消耗情况较为复杂,主要包括空调系统、照明系统、其他动力系统。设置分项或分功能计量系统,有助于统计各类设备系统的能耗分布,发现能耗不合理之处。

要求采用集中冷热源的通用厂房(库)项目,在系统设计时必须考虑使建筑内各能耗环节,如冷热源、输配系统、照明、热水能耗等都能实现独立分项计量;对非集中冷热源的项目,在系统设计时必须考虑使建筑内根据面积或功能等实现分项计量。这有助于分析建筑各项能耗水平和能耗结构是否合理,发现问题并提出改进措施,从而有效地实施建筑节能。

在上海市工程建设规范《公共建筑用能监测系统工程技术标准》DGJ 08—2068—2017 第 4.2.2 条中列出了公共建筑用能监测

系统的分项能耗的分项原则,其中规定了电耗应按用途不同区分为 4 个分项,各分项可根据建筑能耗系统的实际情况细分为一级子项和二级子项,其设置应符合该标准表 4.2.2-2 的规定。本条设置分档得分,对于分别按照一级子项和二级子项的要求进行用电分项计量,给出不同的分数,鼓励更细项的分项计量,从而利于后期运行过程中更好地判断节能潜力。

【评价方式】

1 预评价:查阅电气等相关专业施工图及设计说明、分类分项计量施工图。

2 评价:查阅电气等相关专业竣工图及设计说明、分类分项计量竣工图,并现场核实。

6.2.8 本条适用于各类通用厂房(库)的预评价、评价。

第 1 款,在本标准第 6.1.4 条控制项的基础上对照明功率密度值的要求有所提升,要求为不大于现行国家标准《建筑照明设计标准》GB 50034 中照明功率密度目标值的要求。具体详见第 6.1.4 条控制项的条文说明。其中,附属建筑参考民用建筑相关功能房间的照明功率密度限值要求。

第 2 款,在本标准第 6.1.4 条控制项的基础上,除了要求自然采光区域的照明控制应独立于其他区域的照明控制,还要求采光区域的人工照明可随天然光照度的变化可以实现照度的可调。

在厂房(库)及其附属建筑的用能设备中,除了空调机组、照明系统,还存在其他用电设备,如变压器、水泵、风机、电梯、除尘设备等,这部分能耗在整个能耗中也占有不少的比例,因此,应选择节能型产品。

第 3 款,要求三相配电变压器满足现行国家标准《电力变压器能效限定值及能效等级》GB 20052 的 2 级能效的要求,可得 2 分;满足 1 级要求,可得 4 分。

第 4 款,电力谐波在电力系统和用户的电气设备上会造成附加损耗。谐波功率完全是损耗,从而增大了网损。会产生谐波的常见设备有换流设备、电弧炉、铁心设备、照明设备等非线性电气设备。通过选择低谐波类型的设备可减少电力谐波的产生;同时,对所选用装置不可避免产生的电力谐波,采用配置"谐波治理模块"等手段来减少或消除谐波。公用电网谐波电压(相电压)应不高于谐波电压限值。用户注入高低压电网的谐波电流分量应不高于谐波电流的允许值。

第 5 款,水泵、风机其用能效率应满足相应的能效限定值及能源效率等级国家标准所规定的相关要求,例如满足国家标准《电动机能效限定值及能效等级》GB 18613—2020 的 2 级能效要求,满足国家标准《通风机能效限定值及能效等级》GB 19761—2009、《清水离心泵能效限定值及节能评价值》GB 19762—2007 的节能评价值要求。

【评价方式】

1 预评价:查阅电气、暖通、给排水施工图纸和设计说明、设备表、建筑照明功率密度的计算分析报告。

2 评价:查阅电气、暖通、给排水竣工图,灯具检测报告,建筑照明功率密度值的现场检测报告,产品型式检验报告,并现场核实。

6.2.9 本条适用于各类通用厂房(库)的预评价、评价。

考虑到通用厂房(库)通常无稳定的生活热水需求,因此本标准取消了可再生能源提供的生活热水比例的得分要求。另外,对于通用厂房(库),通常有大面积的屋面可供太阳能光伏板布置使用,近年来上海市也持续发布促进可再生能源和新能源发展的专项资金扶持办法,为光伏发电在此类型项目中的推广应用作出了政策导向。因此,本标准对于由可再生能源提供的电量比例的得分要求在民用建筑要求的基础上有所提升。

本条对由可再生能源提供的空调用冷量和热量比例、电量比例进行分档评分。当建筑的可再生能源利用不止一种用途时,可各自评分并累计,当累计得分超过 15 分时,应取为 15 分。本条涉及的可再生能源应用比例,应为可再生能源的净贡献量。

对于可再生能源提供的空调用冷/热量以及电量,可计算设计工况下可再生能源冷/热的冷热源机组(如地/水源热泵)的供冷/热量(即将机组输入功率考虑在内)与空调系统总的冷/热负荷(冬季供热且夏季供冷的,可简单取冷量和热量的算术和之比),发电机组(如光伏板)的输出功率与供电系统设计负荷之比。

【评价方式】

1 预评价:查阅可再生能源相关设计文件、计算分析报告。

2 评价:查阅可再生能源相关竣工图、计算分析报告、产品型式检验报告、可再生能源运行调试报告,必要时现场核实。

Ⅲ 节水与水资源利用

6.2.10 本条适用于各类通用厂房(库)预评价、评价。

绿色通用厂房(库)鼓励选用更高性能的节水器具。

目前,我国已对大部分用水器具的用水效率制定了标准,坐便器执行现行国家标准《坐便器水效限定值及水效等级》GB 25502,水嘴执行现行国家标准《水嘴水效限定值及水效等级》GB 25501,小便器执行现行国家标准《小便器水效限定值及水效等级》GB 28377,淋浴器执行现行国家标准《淋浴器水效限定值及水效等级》GB 28378,便器冲洗阀执行现行国家标准《便器冲洗阀用水效率限定值及用水效率等级》GB 28379,蹲便器执行现行国家标准《蹲便器水效限定值及水效等级》GB 30717。目前相关标准正在更新中,一旦有修订版发布实施,则执行更新后的标准要求。在设计文件中要注明对卫生器具的节水要求和相应的参数或标准。

【评价方式】

1 预评价:查阅相关设计图、设计说明(含相关节水产品的设备材料表)、产品说明书等。

2 评价:查阅相关竣工文件,节水器具的采购清单或进场记录,相应的说明书、产品节水性能检测报告等,并现场核实。

6.2.11　本条适用于各类通用厂房(库)的预评价、评价。

通用厂房(库)由于使用功能的定位,通常绿地率不高,绿化以分散绿化为主,因此本条鼓励绿化采用无须永久灌溉的植物。无须永久灌溉植物是指适应上海的气候,仅依靠自然降雨即可维持良好的生长状态的植物,或在干旱时体内水分丧失,全株呈风干状态而不死亡的植物。无须永久灌溉植物仅在生根时需进行人工灌溉,因而不需设置永久的灌溉系统,但临时灌溉系统应在安装后一年之内移走。

绿化灌溉应采用喷灌、微灌等节水灌溉方式(当绿化灌溉用水水源为再生水时,不应采用喷灌),同时还可采取土壤湿度传感器或雨天自动关闭等节水控制方式。目前普遍采用的绿化节水灌溉方式是喷灌,它比地面漫灌要省水 30%～50%。采用中水灌溉时,因水中微生物在空气中极易传播,应避免采用喷灌方式。

微灌包括滴灌、微喷灌、涌流灌和地下渗灌,它比地面漫灌省水 50%～70%,比喷灌省水 15%～20%。其中,微喷灌射程较近,一般 5 m 以内,喷水量为 200 L/h～400 L/h。

当选用无须永久灌溉植物时,设计文件中应提供植物配置表,并说明是否属无须永久灌溉植物;应提供当地植物名录,说明所选植物的耐旱性能。当 90% 以上的绿化面积采用了高效节水灌溉方式或节水控制措施时,方可判定按"采用节水灌溉系统"得分;当 50% 以上的绿化面积采用了无须永久灌溉植物,且其余部分绿化采用了节水灌溉方式时,方可按"种植无须永久灌溉植物"得分。

【评价方式】

1　预评价:查阅相关设计图纸、设计说明(含相关节水灌溉产品的设备材料表)、景观设计图纸(含苗木表、本地植物名录等)、节水灌溉产品说明书。

2　评价:查阅相关竣工图纸、设计说明、节水灌溉产品说明书,并进行现场核实。现场核实包括实地检查节水灌溉设施的使用情况、查阅绿化灌溉用水规定和计量报告。

6.2.12 本条适用于各类通用厂房(库)的预评价、评价。不设置空调设备或系统的项目,本条可直接得分。

集中空调系统的冷却水补水量很大,减少冷却水系统不必要的耗水对整个建筑物的节水意义重大。本条适用于参评范围内所有设计的冷却塔,包括生产工艺的冷却塔。

开式循环冷却水系统或闭式冷却塔的喷淋水系统应有过滤、缓蚀、阻垢、杀菌、灭藻等水处理措施,可设置水处理装置和化学加药装置以改善水质,减少排污耗水量;可采取加大集水盘、设置平衡管或平衡水箱等方式,相对加大冷却塔集水盘浮球阀至溢流口段的容积,避免停泵时的泄水和启泵时的补水浪费。

本条中的"无蒸发耗水量的冷却技术",包括采用分体空调、风冷式冷水机组、风冷式多联机、地源热泵、干式运行的闭式冷却塔等。

【评价方式】

　　1　预评价:查阅相关设计图、设计说明(冷却塔节水措施说明)、产品说明书等。

　　2　评价:查阅预评价涉及的竣工文件、相应的产品说明书,并现场核实。

6.2.13 本条适用于各类通用厂房(库)预评价、评价。

非传统水包括雨水、中水、河道水等。经相关政府主管部门的许可后,利用临近的河、湖水作为原水经相应的处理达到相应用途的水质标准的,本条可得分。杂用水包括室外绿化浇灌、车库及道路冲洗、洗车用水等。有些运营项目会用到水冷却,属于生产配套,因而本条把冷却用水并入生产用水中。

上海地区降雨量丰富,雨水更适合季节性利用,比如绿化、景观水体等季节性用途。同时,雨水调蓄池在调蓄容积上增加雨水回用容积也可以作为杂用水补充水源使用。

"采用非传统水的用水量占其总用水量的比例"指项目某项

用水采用非传统水的用水量占该部分杂用水总用水量的比例。本条涉及的非传统水源用水量、总用水量均为设计年用水量。设计年用水量由设计平均日用水量和用水时间计算得出。设计平均日用水量应根据节水用水定额和设计用水单元数量计算得出，办公和生活区节水用水定额取值详见现行国家标准《民用建筑节水设计规范》GB 50555，生产区则依据相关行业用水水平。

【评价方式】

　　1　预评价：查阅相关设计文件、政府相关主管部门的许可、非传统水利用计算书。

　　2　评价：查阅相关竣工图、非传统水利用计算书、非传统水水质监测报告、全年逐月的水质检测报告，并现场核实。

Ⅳ　节材与材料资源利用

6.2.14　本条适用于各类通用厂房(库)的预评价、评价。

　　在通用厂房设计中，工艺过程、设备型号、平面布置等对建筑、结构的高度、跨度、厂房形式等起决定性影响。因此，在设计阶段应对工艺、建筑、结构、设备进行统筹考虑、全面优化。

　　在物流建筑设计中，建筑设计可提前考虑货架设置、车行流线等，结合实际使用功能进行一体化设计及优化。

　　建筑、结构、工艺、设备的一体化设计需要业主方、各设计方(建筑、结构、暖通等)以及施工方的通力合作。

【评价方式】

　　1　预评价：查阅反映一体化设计的相关施工图纸及会议记录等文件。

　　2　评价：查阅相关竣工图纸及施工记录等文件，重点考察实施过程中的变更情况。

6.2.15　本条适用于各类通用厂房(库)的预评价、评价。

　　物流建筑和通用厂房相比普通民用建筑，构件标准化容易推广，如彩钢夹芯板、预制混凝土墙板等，目前已大量应用于围护结构。此外,也更容易采用钢结构等装配式结构体系,且对缩短施工周期贡献较大,减少资源消耗和环境影响。

本条鼓励主体结构采用钢结构,或高装配率的混凝土结构及混合结构。如主体结构全部采用钢结构,则根据第 1 款可直接得分;如主体结构采用混凝土结构,则根据《上海市住房和城乡建设管理委员会关于进一步明确装配式建筑实施范围和相关工作的通知》(沪建建材〔2019〕97 号)和《上海市装配式建筑单体预制率和装配率计算细则》(沪建建材〔2019〕765 号)的具体规定,对单体预制率进行计算,根据预制率指标高低按照第 2 款得分。如主体结构既采用钢结构,又采用了混凝土结构的项目,则按照第 3 款判定得分。

【评价方式】

1 预评价:查阅建筑图、结构施工图、工程材料用量概预算清单、预制率/装配率计算书,审查比例及其计算合理性。

2 评价:查阅建筑图、结构竣工图、工程材料用量决算清单、预制率/装配率计算书,审查比例及其计算合理性。

6.2.16 本条适用于各类通用厂房(库)的预评价、评价。

通用厂房(库)柱网大、荷载大,优化设计对节材效果影响大,其中地基基础的优化又是至关重要的。目前通用厂房(库)常用的钢结构组合楼盖等不同结构体系或构件,一般建设方均需在方案阶段对其进行优化比较,得分较容易。

对于地基基础方案论证报告,主要审查地基基础方案的论证报告中措施和效果的合理性。本条要求充分考虑项目主体结构特点、场地情况,因地制宜地对项目可选用的各种地基基础方案进行比选(从天然地基、复合地基到桩基础等)及定性(必要时进行定量)论证,最终选用材料用量少、施工对环境影响小的地基基础方案。

对于结构体系节材优化论证书,主要审查结构体系节材优化文件中对结构体系的比选论证过程和结论,是否充分考虑建筑层数和高度、平立面情况、柱网大小、荷载大小等因素,对项目可选用的各种结构体系进行定性(必要时进行定量)比选论证,并最终选用材料用量少、施工对环境影响小的结构体系。

对于结构构件节材优化论证书,主要审查结构优化文件中对结构构件节材优化措施的合理性及效果,是否充分考虑建筑功能、柱网跨度、荷载大小等因素,分别对柱(如混凝土柱、钢骨混凝土柱、钢柱、钢管混凝土柱等)、楼盖体系(梁板式楼盖或无梁楼盖)、梁(如混凝土梁、预应力梁、钢梁、桁架钢梁等)、板(如普通楼板、空心楼盖、压型钢板组合楼盖、钢筋桁架楼承板等)的形式进行节材定性(必要时进行定量)比选,并最终选用材料用量少、施工对环境影响小的结构构件形式。

【评价方式】

1 预评价:查阅建筑图、地基基础施工图、结构施工图、结构优化报告(需体现优化措施、优化后的节材效果等)。

2 评价:查阅结构专业竣工图、结构优化报告及其他相关证明材料,并现场核实。

6.2.17 本条适用于各类通用厂房(库)的预评价、评价。

在物流建筑和轻工业通用厂房中采用高强度钢能减少材料用量,改变"肥梁胖柱"的传统外观或者加大结构跨度,增强使用功能。本条参照国家标准《绿色建筑评价标准》GB/T 50378—2019 中第 7.2.15 条提出具体指标要求。

【评价方式】

1 预评价:查阅建筑及结构施工图纸、高强度材料用量比例计算书,审核高强材料的计算合理性及设计用量比例。

2 评价:查阅结构竣工图、高强度材料用量比例计算书,材料决算清单中有关钢材、钢筋的使用情况、高强材料性能检测报告,并审查其计算合理性及实际用量比例。

6.2.18 本条适用于各类通用厂房(库)的预评价、评价。

本条中的"可再循环材料"是指通过改变物质形态可实现循

环利用的材料,如难以直接回用的钢筋、玻璃等,可以回炉再生产。可再循环材料主要包括金属材料(钢材、铜等)、玻璃、铝合金型材、石膏制品、木材。本条中的"可再利用建筑材料"是指不改变所回收材料的物质形态可直接再利用的,或经过简单组合、修复后可直接再利用的建筑材料,或从其他地方获取的旧砖、门窗及木材等,经过简单修复组合用于建筑中。合理使用可再利用建筑材料,可充分发挥旧建筑材料的再利用价值,减少新建材的使用量。本条参考国家标准《绿色建筑评价标准》GB/T 50378—2019 中第 7.2.17 条,在物流建筑和标准厂房中鼓励合理采用可再生材料资源,如钢结构形式。

有的建筑材料则既可以直接再利用又可以回炉后再循环利用,例如标准尺寸的钢结构型材等。各类常见材料均可纳入本条"可再利用材料和可再循环材料用量"范畴,但同种建材不重复计算。地坪及周边挡土墙的混凝土用量不计入本条第1款的计算范畴。

物流建筑和通用厂房中可能使用到再生混凝土制品、粉煤灰砌块、脱硫石膏板等建筑材料,在平台回填或道路铺设等处也可使用废弃混凝土等建筑废弃物,本条第2、3款旨在鼓励在绿色通用厂房(库)中尽可能多地使用利废建材,并提高利废建材的使用比例,以促进资源的循环再利用。

【评价方式】

1 预评价:查阅工程概预算材料清单、可再利用材料和可再循环材料用量比例计算书,利废建材证明资料,以及各种建筑材料的适用部位及使用量一览表。

2 评价:查阅工程决算材料清单、相应的产品检测报告、可再利用材料和可再循环材料用量比例计算书,并审查其计算合理性及实际用量比例;以废弃物为原料生产的建筑材料检测报告、废弃物建材资源综合利用认定证书等证明材料,并现场核实。

6.2.19 本条适用于各类通用厂房(库)的预评价、评价。

国家及上海市均采取评价标识和产品认证为引导手段,促进绿色建材的推广应用。国家层面,最初由住房和城乡建设部(简称"住建部")、工业和信息化部(简称"工信部")联合推进绿色建材评价标识工作,两部先后联合出台《关于印发〈绿色建材评价标识管理办法〉的通知》(建科〔2014〕75号)、《关于印发〈促进绿色建材生产和应用行动方案〉的通知》(工信部联原〔2015〕309号)、《关于印发〈绿色建材评价标识管理办法实施细则〉和〈绿色建材评价技术导则(试行)〉的通知》(建科〔2015〕162号)等措施推进该项工作。目前全国范围内绿色建材评价标识统一的技术依据为《绿色建材评价技术导则(试行)》,该导则中包含砌体材料、保温材料、预拌混凝土、建筑节能玻璃、陶瓷砖、卫生陶瓷、预拌砂浆等七类建材产品的评价技术要求,获标识的建材产品在全国建立统一的绿色建材标识产品信息发布平台上可实时查询。住建部提出的绿色建材推广应用目标为:绿色建材应用占比稳步提高。新建建筑中绿色建材应用比例达到30%,绿色建筑应用比例达到50%,试点示范工程应用比例达到70%,既有建筑改造应用比例提高到80%。

2019年3月,国家发展改革委等七部门联合印发了《绿色产业指导目录(2019年版)》(发改环资〔2019〕293号),将"绿色建材认证推广"正式列入,以支撑建筑节能、绿色建筑和新型城镇化建设需求。2019年11月,市场监管总局、住房和城乡建设部、工业和信息化部联合印发《绿色建材产品认证实施方案》,明确了绿色建材认证机构管理要求,提出绿色建材产品认证目录由三部委根据行业发展和认证工作需要,共同确定并发布;绿色建材产品认证由低到高分为一、二、三星级,在认证目录内依据绿色产品评价国家标准认证的建材产品等同于三星级绿色建材。

上海市由上海住房和城乡建设管理委员会、上海经济和信息化委员会联合推进绿色建材评价标识工作,两部门先后联合出台《关于成立上海市绿色建材评价标识工作管理机构和组建相关专家委员会的通知》(沪建建材联〔2016〕1169号)、《关于成立上海市绿色建材评价标识工作专家委员会的通知》(沪建建材联〔2017〕

315 号)、《关于开展上海市绿色建材评价标识试点工作的通知》(沪建建材联〔2017〕359 号)、《关于全面开展上海市绿色建材评价标识(试点)申报工作的通知》(沪建建材联〔2017〕846 号)等措施推进该项工作。现行上海市工程建设规范《绿色建材评价通用技术标准》DG/TJ 08—2238 包含预拌混凝土、预拌砂浆、砌体材料、建筑外墙水性涂料、建筑节能玻璃等五类建材产品的评价技术要求。

同时,为了进一步拓展绿色建材的品种和类型,住房和城乡建设部科技与产业化发展中心在中国工程建设标准化协会组织开展 100 项绿色建材相关的评价标准的编制工作〔详见《2017 年第三批产品标准试点项目计划》(建标协字〔2017〕034 号)〕。目前,已有多项标准完成了审查工作,预计将来参与绿色建材标识评价及认证的建材品种类型将有所扩充。

绿色建材应用比例应按下式计算,并按表 3 确定得分:

$$P = (S_1 + S_2 + S_3 + S_4)/100 \times 100\%$$

式中:P——绿色建材应用比例;

S_1——主体结构材料指标实际得分值;

S_2——围护墙和内隔墙指标实际得分值;

S_3——装修指标实际得分值;

S_4——其他指标实际得分值。

表 3 绿色建材使用比例计算表

计算项		计算要求	计算单位	计算得分
主体结构	预拌混凝土	80%≤比例≤100%	m³	10～20*
	预拌砂浆	50%≤比例≤100%	m³	5～10*
围护墙和内隔墙	非承重围护墙	比例≥80%	m³	10
	内隔墙	比例≥80%	m³	5

续表3

	计算项	计算要求	计算单位	计算得分
装修	外墙装饰面层涂料、面砖、非玻璃幕墙板等	比例≥80%	m²	5
	内墙装饰面层涂料、面砖、壁纸等	比例≥80%	m²	5
	室内顶棚装饰面层涂料、吊顶等	比例≥80%	m²	5
	室内地面装饰面层木地板、面砖等	比例≥80%	m²	5
	门窗、玻璃	比例≥80%	m²	5
其他	保温材料	比例≥80%	m²	5
	卫生洁具	比例≥80%	具	5
	防水材料	比例≥80%	m²	5
	密封材料	比例≥80%	kg	5
	其他	比例≥80%	—	5/10

注:1. 表中带"＊"项的分值采用"内插法"计算,计算结果取小数点后1位。

2. 预拌混凝土应包含预制部品部件的混凝土用量;预拌砂浆应包含预制部品部件的砂浆用量;围护墙、内隔墙采用预制构件时,计入相应体积计算;结构保温装修等一体化构件分别计入相应的墙体、装修、保温、防水材料计算公式进行计算。

表中最后一项的"其他"包括管材管件、遮阳设施、光伏组件等产品,此处每使用1种符合要求的产品得5分,但累计不超过10分。所涉材料如尚未开展绿色建材评价标识或认证,则在式中分母的"100"中扣除相应的分值后计算。

【评价方式】

1 预评价:查阅建筑、土建、装修等专业的设计说明、施工图、工程概预算材料清单等设计文件,绿色建材应用比例计算分析报告。

2 评价:查阅结构、建筑竣工文件,绿色建材应用比例计算分析报告,相关产品的性能检测报告,相关标识或认证证明材料等,并现场核实。

7 室内健康

7.1 控制项

7.1.1 本条适用于各类通用厂房(库)的预评价、评价。

厂房(库)内的温度、湿度和风速对工作人员的舒适性、职业健康有影响。为保证职业健康,要求工业建筑内的温度、湿度和风速需满足现行国家标准《工业企业设计卫生标准》GBZ 1 的基本要求和有关行业标准的要求。

对生产、仓储需要的空气温度、湿度、风速等要求应符合各行业现行标准或工艺使用要求,如《化工采暖通风与空气调节设计规范》HG/T 20698、《洁净厂房设计规范》GB 50073、《电子工业洁净厂房设计规范》GB 50472、《医药工业洁净厂房设计规范》GB 50457、《食品工业洁净用房建筑技术规范》GB 50687、《物资仓库设计规范》SBJ 09、《通用仓库及库区规划设计参数》GB/T 28581、《烟草及烟草制品仓库设计规范》YC/T 205、《中药材仓库技术规范》SB/T 11095、《中药材仓储管理规范》SB/T 11094。

采用集中供暖空调的附属建筑,室内的温度、湿度、风速等设计参数应符合现行国家标准《民用建筑供暖通风与空气调节设计规范》GB 50736 的规定。

【评价方式】

1 预评价:查阅暖通等相关设计文件及设计说明。

2 评价:查阅暖通等相关竣工图及设计说明,室内温度、湿度、风速检测报告,并现场核实。

7.1.2 本条适用于各类通用厂房(库)的预评价、评价。

噪声已成为世界七大公害之一。噪声对人体的伤害基本上可以分两大类:一类是累积的噪声损伤,指工人在日常生活中每天都要接触的、具有积累效应的噪声;另一类是突然发生噪声所致的爆震聋,其对职工的危害是综合的、多方面的,它能引起听觉、心血管、神经、消化、内分泌、代谢以及视觉系统或器官功能紊乱和疾病,其中首当其冲的是听力损伤,尤其以对内耳的损伤为主。这些损伤与噪声的强度、频谱、暴露的时间密切相关。噪声危害在工业建筑中普遍存在,采取措施降低噪声造成的危害对保护职工健康有重要作用。

对于已采取工程控制措施,且在同行业内无法达到标准要求的情况下,须根据实际情况采取有效的个人防护措施,确保职工的健康。

目前国家现行有关标准包括《工业企业设计卫生标准》GBZ 1、《工业企业噪声控制设计规范》GBJ 87 和《声环境质量标准》GB 3096 等。工艺设备的噪声是工作场所噪声的主要来源,因此在评价过程中,工艺设备的噪声也要符合相应的行业标准的规定,如机械行业标准《棒料剪断机、鳄鱼式剪断机、剪板机噪声限值》JB 9969 等。

洁净厂房的噪声标准值参照现行国家标准《洁净厂房设计规范》GB 50073 和有关行业标准要求,如《电子工业洁净厂房设计规范》GB 50472、《医药工业洁净厂房设计规范》GB 50457、《食品工业洁净用房建筑技术规范》GB 50687 等。

【评价方式】

1 预评价:查阅建筑等相关设计文件及设计说明,室内外噪声模拟计算报告,职业病危害预评价报告或职业健康保障承诺及相关批复文件。

2 评价:查阅隔声降噪设施竣工图及设计说明、安全验收评价报告及批复文件、职业病危害控制效果评价报告及批复文件,并现场核实。

7.1.3 本条适用于各类通用厂房(库)的预评价、评价。

室内照明质量是影响室内环境质量和生产安全的重要因素

之一,良好的照明不仅有利于提升职工的工作效率,也可以减少视觉影响产生的安全事故的发生,更有利于职工的身心健康,减少各种职业疾病。

通用厂房(库)的照度、照度均匀度、眩光值、一般显色指数等照明数量和质量指标应满足现行国家标准《建筑照明设计标准》GB 50034 及相关标准的规定。其中,仓库类建筑的照明指标应满足表 4 的规定。

表 4　仓库类建筑的照明数量及质量指标表

房间或场所		参考平面及其高度	照度标准值(lx)	UGR	U_0	R_a	备注
仓库	大件库	1.0 m 水平面	50	—	0.40	20	—
	一般件库	1.0 m 水平面	100	—	0.60	60	—
	半成品库	1.0 m 水平面	150	—	0.60	80	—
	精细件库	1.0 m 水平面	200	—	0.60	80	货架垂直照度不小于 50 lx

物流建筑的照明标准参考现行国家标准《物流建筑设计规范》GB 51157 的有关规定,冷库的照明标准值参照现行国家标准《冷库设计规范》GB 50072 的有关规定。

【评价方式】

1 预评价:查阅建筑、电气等相关设计文件及设计说明,照度、统一眩光值、一般显色指数计算书,产品性能说明书。

2 评价:查阅建筑、电气等相关竣工图纸及设计说明,照度、统一眩光值、一般显色指数计算书,产品性能说明,并现场核实。

7.1.4 本条适用于各类通用厂房(库)的预评价、评价。

新风供给包括自然进风方式和机械送风方式。通用厂房(库)用于消除余热/余湿、稀释有害气体、补充排风等的新风量往往较大,远大于人员所需新风量。规定本条的目的主要是针对通用厂房(库)中的无窗房间。工作场所中人员所需的新风量应根据室内空气质量的要求、人员的活动和工作性质及时间、污染源及建筑物的状况等因素来确定。最小新风量首先要保证满足人员卫生要求，一般是用 CO_2 浓度推算确定，还应考虑室内其他污染物等。设计时，尚应满足国家现行专项标准的特殊要求。

国家标准《工业建筑供暖通风与空气调节设计规范》GB 50019—2015 第 4.1.9 条指出，"工业建筑应保证每人不小于 30 m^3/h 的新风量"。国家标准《民用建筑供暖通风与空气调节设计规范》GB 50736—2012 第 3.1.9 条明确了建筑物室内人员所需最小新风量的一般计算原则。但是对于集中空调的工业建筑，还需保证正压的新风量以及由于工艺排风所需的补风量。对于产生有害物质的车间，通风量还需按照现行国家标准《工作场所有害因素职业接触限值—第 1 部分：化学有害因素》GBZ 2.1 和《工作场所有害因素职业接触限值—第 2 部分：物理有害因素》GBZ 2.2 的限值规定。

【评价方式】

1 预评价：查阅暖通等相关设计文件及设计说明、通风量计算书或自然通风模拟报告。

2 评价：查阅暖通等相关竣工图及设计说明、主要功能房间新风量检测报告，并现场核实。

7.1.5 本条适用于各类通用厂房（库）的预评价、评价。

建筑物内表面产生结露时，室内内部表面潮湿、发霉，甚至淌水，室内卫生条件恶化，导致室内存放的物品发生霉变，造成建筑材料的破坏，对建筑物使用功能影响极大，影响职工的身体健康，尤其是针对通用厂房（库），建筑内表面结露或发霉不仅对厂房结构和厂房内的操作人员有较大的危害，而且将导致生产产品和设备锈蚀、霉变，破坏产品质量，增加废品率等不良后果。仓库货物怕潮，因为受潮后产生变质，对于业主来讲会造成经济损失，因此要采取防潮、防结露措施，保障建筑围护结构内部和表面（含冷桥部位，如厂房、框架中的钢柱，钢砼梁柱砖墙中的钢砼过梁、圈梁、梁垫预制保温板材中的肋条等部位)无结露、发霉是非常重要的。

对规范要求必须进行节能计算的通用厂房(库),需同步进行防结露计算;对于规范要求不需要进行节能计算的建筑,需要因地制宜地加强自然通风,如可通过自然通风器、通风天窗或开窗等形式,强化自然通风,避免结露。

【评价方式】

1 预评价:查阅建筑等相关设计文件、产品说明书、建筑专业防结露计算书。

2 评价:查阅建筑等相关竣工图、产品说明书,并现场核实。

7.2 评分项

Ⅰ 声环境和光环境

7.2.1 本条适用于各类通用厂房(库)办公场所的预评价、评价。

根据现行国家标准《民用建筑隔声设计规范》GB 50118 的规定,汇总各类建筑主要功能房间室内允许噪声级的要求,见表5。通用厂房(库)办公场所宜根据功能定位来选取参考建筑,如果定位为员工住宿属性,宜参考旅馆建筑的标准来要求;如果定位为办公属性,宜参考办公建筑的标准要求;如果定位为餐厅等属性,宜参考商业建筑的标准要求。

低限标准限值和高要求标准限值的平均值按四舍五入取整。

表5 室内允许噪声级

建筑类型	房间名称	允许噪声级(A 声级,dB)	
旅馆建筑	客房	≤45(昼)/≤40(夜)	≤35(昼)/≤30(夜)
	办公室、会议室	≤45	≤40
	多用途厅	≤50	≤40
	餐厅、宴会厅	≤55	≤45

续表5

建筑类型	房间名称	允许噪声级（A 声级，dB）	
办公建筑	单人办公室	≤40	≤35
	多人办公室	≤45	≤40
	电视电话会议室	≤40	≤35
	普通会议室	≤45	≤40
商业建筑	商店、购物中心、会展中心	≤55	≤50
	餐厅	≤55	≤45
	员工休息室	≤45	≤40
	走廊	≤60	≤50

【评价方式】

1 预评价：查阅建筑设计平面图，审核基于环评报告室外噪声要求对室内的背景噪声影响（也包括室内噪声源影响）的分析报告和在图纸上的落实情况，以及可能有的声环境专项设计报告等。

2 评价：在预评价的基础上，还应审核典型时间、主要功能房间的室内噪声监测报告。

7.2.2 本条适用于各类通用厂房（库）的预评价、评价。

"机电消声减振综合设计施工运营技术"是机电工程中的一项关键技术，该技术的应用为实现机电系统设计功能和提升建筑品质提供重要保障。在通用厂房（库）各类机电系统中，通风空调系统运行过程中产生及传播的噪声和振动等问题尤其突出，给使用者带来很多困扰，甚至直接影响人的身心健康。如何解决噪声和振动等问题，得到行业内人士高度重视。现行国家标准《工业建筑供暖通风与空气调节设计规范》GB 50019 对工业建筑的消声与隔振进行了设计指引。

通风空调系统噪声从产生形式上可分为动力性噪声和机械性噪声，按噪声发生部分可分为设备噪声、风管及部件噪声、空调水管噪声等。通风空调设备噪声主要包括制冷机组、水泵、风机

（包括空调机组、风机盘管）、冷却塔等,在运行中由于设备振动,以及压缩机、机电、风叶运转产生的机械性噪声和动力性噪声是通风空调系统噪声的主要来源。风管及部件(主要是风口)、空调水管的噪声分为涡流噪声和振动噪声,属于动力性噪声,是系统的次要噪声源。

通风空调设备的消声减振技术措施主要包括:优先选择高效、振动小、噪声低的空调设备;不同管道之间连接采用柔性连接;设备基础表面平整。风管及风口的消声减振技术措施主要包括:降低空气流动产生的振动和噪声,如风管设计风速不宜过高,以减少空气涡流产生的噪声;分管变径采用渐扩管或渐缩管;风管的接缝和接管处应严密等。空调水管的消声减振技术措施主要包括:合理设置软接;设置位置正确且数量满足要求的支架(包括固定支架、滑动支架、导向支架等);合理采用弧形管等。

【评价方式】

1 预评价:查阅消声隔振相关设计文件及设计说明、环评报告、安评报告或噪声分析报告。

2 评价:查阅消声隔振相关竣工图,并现场核实。

7.2.3 本条适用于各类通用厂房(库)的预评价、评价。

自然采光是标准厂房(库)光环境质量评价的重要因素,自然采光不仅能够节约照明所消耗的电能,还可以改善室内的生态环境,提高视觉舒适度,调节人体的生物节奏,影响人的心理状况和人体健康。厂房(库)天然采光的基本要求包括满足采光系数最低值的要求、满足采光均匀度的要求、避免在工作区产生眩光和照度的剧烈变化。而通用厂房(库)常采用的采光方式及布置包括:①侧窗采光,即采光口布置在厂房(库)的侧墙上;②顶部采光,即在屋顶处设置天窗;③混合采光,当厂房(库)很宽,侧窗采光不能满足整个厂房(库)的采光要求时,则须在屋顶上开设天窗,即采用混合采光的方式。而采用的采光天窗的形式和布置如下:①矩形天窗:沿跨间纵向升起局部屋面,在高低屋面的垂直面上开设采光窗而形成的,是我国单层工业厂房应用最广的一种天窗形式,其采光特点与侧窗采光类似,具有中等照度;②锯齿形天窗:将厂房屋盖做成锯齿形,在两齿之间的垂直面上设采光窗而形成的;③横向下沉式天窗:将相邻柱距的屋面板上下交错布置在屋架的上下弦上,通过屋面板位置的高差作采光口形成的;④平天窗:在屋面板上直接设置采光口而形成的。

现行国家标准《物流建筑设计规范》GB 51157 对作业型物流建筑、综合型物流建筑的作业区应优先采用天然采光及自然通风进行规定。其中,物流建筑的窗地面积比宜为 1∶10～1∶18,窗应均匀布置并应符合相关要求。如窗功能以采光为主的物流建筑,宜用固定窗,窗地面积比宜取大值;窗功能以通风为主的物流建筑,宜用中悬窗,窗地面积比宜取小值,且取值应按自然通风换气次数验算核定。当物流建筑采用顶部采光时,相邻两天窗中心线间的距离不宜大于工作面至天窗下沿高度的 2 倍。

现行国家标准《建筑采光设计标准》GB/T 50033 对工业建筑的采光标准值作了要求,具体如表 6 所示。

表6　工业建筑的采光标准值

采光等级	车间名称	侧面采光		顶部采光	
		采光系数标准值(%)	室内天然光照度标准值(lx)	采光系数标准值(%)	室内天然光照度标准值(lx)
I	特精密机电产品加工、装配、检验、工艺品雕刻、刺绣、绘画	5.0	750	5.0	750
II	精密机电产品加工、装配、检验、通信、网络、视听设备、电子元器件、电子零部件加工、抛光、复材加工、纺织品精纺、织造、印染、服装剪裁、缝纫及检验、精密理化实验室、计量室、测量室、主控制室、印刷品的排版、印刷、药品制剂	4.0	600	3.0	450

采光等级	车间名称	侧面采光		顶部采光	
		采光系数标准值（%）	室内天然光照度标准值(lx)	采光系数标准值（%）	室内天然光照度标准值(lx)
Ⅲ	机电产品加工、装配、检修、机库、一般控制室、木工、电镀、油漆、铸工、理化实验室、造纸、石化产品后处理、冶金产品冷轧、热轧、拉丝、粗炼	3.0	450	2.0	300
Ⅳ	焊接、钣金、冲压剪切、锻工、热处理、食品、烟酒加工和包装、饮料、日用化工产品、炼铁、炼钢、金属冶炼、水泥加工与包装、配变电所、橡胶加工、皮革加工、精细库房（及库房作业区）	2.0	300	1.0	150
Ⅴ	发电厂主厂房、压缩机房、风机房、锅炉房、泵房、动力站房、(电石库、乙炔库、氧气瓶库、汽车库、大中件贮存库)一般库房、煤的加工、运输、选煤配料间、原料间、玻璃退火、熔制	1.0	150	0.5	75

【评价方式】

　　1　预评价:查阅建筑等相关设计文件、采光板比例计算说明、侧窗比例计算说明。

　　2　评价:查阅建筑等相关竣工图、采光计算报告、天然采光检测报告,并现场核实。

7.2.4　本条适用于各类通用厂房(库)的预评价、评价。对自然采光有回避要求的厂房(库),本条可直接得分。

　　建筑的地下空间、多层大进深的非顶层厂房(库)等空间,容易出现天然采光不足的情况,通过建筑设计或辅以反光板、棱镜玻璃、下沉庭院等设计手法或采用导光技术,可以有效改善这些空间的天然采光效果。要求符合现行国家标准《建筑采光设计标准》GB 50033 等相关标准的规定,同时可参考现行国家标准《通用仓库及库区规划设计参数》GB/T 28581 和现行上海市工程建设规范《建筑防排烟技术规程》DGJ 08—88。

【评价方式】

1 预评价:查阅建筑等相关设计文件、天然采光模拟分析报告、侧窗比例计算说明。

2 评价:查阅建筑等相关竣工图、天然采光检测报告,并现场核实。

Ⅱ 室内湿热环境

7.2.5 本条适用于各类通用厂房(库)的预评价、评价。

温湿度控制是通用厂房(库)创造产品生产、货物储存环境的重要内容,加强通风是温湿度控制的重要措施之一。保障通用厂房(库)通风的均匀性,没有通风死角是重要设计原则。但在梅雨季节或阴雨天,当通用厂房(库)内湿度过高且室外湿度也过大,不宜进行通风散潮时,在室内采用吸潮降低湿度就显得非常重要。机械吸潮是现代通用厂房(库)较为普遍采用的方法,即使用吸湿机把室内的湿空气通过抽风机,吸入吸湿机冷却器内,使其凝结为水而排出。

【评价方式】

1 预评价:查阅暖通、建筑等相关设计文件、产品说明书、计算书。

2 评价:查阅暖通、建筑等相关竣工图、产品说明书、计算书,并现场核实。

7.2.6 本条适用于有采暖空调要求的通用厂房(库)的预评价、评价。

第 1 款,要求在厂房(库)的通风、空调、采暖设计中,应结合厂房(库)内功能划分、工艺特点、人员分布等合理划分室内环境控制区域,合理设置空气调节系统,以满足厂房(库)内不同区域对室内环境设计参数的要求。同时,针对层高高于 10 m,体积大于 10 000 m³ 的高大标准厂房(库),此类厂房(库)中人员集中在低层空间,容易出现温度梯度较大(上热下冷)、冬季热风无法下降、气流短路、制冷效果不佳、能耗较高等情况。因此,采用分层空调设计、辐射空调等设计方案,并通过气流组织模拟优化,可在有效控制热环境目标的前提下实现降低初投资、节省运行能源消耗及费用。

第 2 款,物品装卸区、加工区或卫生间等区域会产生一定的污染空气,此类区域应采用局部送排风、负压通风、风幕阻断、墙体/玻璃隔断等方式防止污染气体散发到其他工作区域;针对需要集中排放的污染气体,应根据情况考虑设置净化装置,满足国家、行业和地方的排放标准规定。

暖通空调设计图纸应有专门的气流组织设计说明,必要时应提供相应的模拟分析优化报告。

【评价方式】

1　预评价:查阅暖通等相关设计文件、气流组织模拟分析报告。

2　评价:查阅暖通等相关竣工图、气流组织模拟分析报告或检测报告,并现场核实。

7.2.7 本条适用于各类通用厂房(库)的预评价、评价。

通用厂房(库)多为大跨度的钢结构建筑,内部空间巨大,为了获得良好的光线,多在顶部和立面设计有大量的条形的采光带和窗户,以获得充足的自然光。但在获得充足光线的同时也带来了新的问题,大量的采光带运用会产生温室效应,特别是夏季,室内温度会很高,同时也会产生炫光,不利安全生产,提高不了工作效率。对于这种情况,只有采取合理的遮阳措施才能予以解决。

通用厂房(库)顶部采光带宽度多为 90 cm~150 cm,长度则达 40 m~50 m,多采用阳光板封闭,可以采用电动天棚帘系统等遮阳措施。通用厂房(库)立面墙体多为横向的条形窗户(部分有竖向的条形窗户),窗户自身并不高,只是离地面较高,手动难以控制,可以采用电动卷帘或电动布艺帘等遮阳措施。

本条中的遮阳措施主要包括活动外遮阳设施、永久设施(中空玻璃夹层智能内遮阳)、固定外遮阳加内部高反射率可调节遮阳、可调内遮阳等措施。对没有阳光直射的透明围护结构,不计入面积计算。

【评价方式】

1 预评价:查阅建筑等相关设计文件、产品说明书、计算书。

2 评价:查阅建筑等相关竣工图、产品说明书、计算书,并现场核实。

Ⅲ 室内空气质量

7.2.8 本条适用各类标准厂房(库)的预评价、评价。

适宜的室内空气质量是保障厂房(库)内工作人员安全和物品质量不受损的有效措施。作业区内有大量的工人作业或有车辆进出、停靠,易产生污染废气。当厂房(库)内的相关指标超过一定限值时,设置的环境监控系统自动报警,并启动通风系统,以保障作业区具备较好的空气质量。

【评价方式】

1 预评价:查阅暖通、电气等相关设计文件。

2 评价:查阅暖通、电气等相关竣工图、运行记录,并现场核实。

7.2.9 本条适用各类通用厂房(库)的预评价、评价。对于温湿度、洁净度无要求的通用厂房(库),本条可直接得分。

温度、湿度、颗粒物等都是衡量室内空气质量的重要指标,尤其对于温湿度、洁净度有要求的通用厂房(库),根据相关工艺要求,设置温湿度、洁净度等自动监测及控制设施,有利于保障室内空气质量满足要求。

【评价方式】

1 预评价：查阅暖通、电气等相关设计文件。

2 评价：查阅暖通、电气等相关竣工图、运行记录，并现场核实。

8 运营高效

8.1 控制项

8.1.1 本条适用于各类通用厂房(库)的评价。

物业管理机构应提交节能、节水、节材、绿化管理规定,并核查实施效果。节能管理规定主要包括节能方案、节能管理模式和机制、分户分项计量收费等。节水管理规定主要包括节水方案、分户分类计量收费、节水管理机制等。节材管理规定主要包括日常维护用材和物业耗材管理。绿化管理规定主要包括苗木养护、用水计量和化学药品的使用规定等。

【评价方式】

1 预评价:本条不评价。

2 评价:查阅物业管理机构节能、节水、节材、绿化管理规定以及日常管理记录,并现场核实。

8.1.2 本条适用于各类通用厂房(库)的评价。

通用厂房(库)运行过程中产生的垃圾有纸张、塑料、玻璃、金属、布料等可回收垃圾;有剩饭、骨头、菜根菜叶、果皮等厨余垃圾;有含有重金属的电池、废弃灯管、过期药品等有害垃圾;还有施工或维护过程中产生的渣土、砖石和混凝土碎块、金属、竹木材等废料。首先,应根据《上海市生活垃圾管理条例》的有关规定,根据垃圾处理要求等确立分类管理规定和必要的收集设施,并对垃圾的收集、运输等进行整体的合理规划,合理设置小型有机厨余垃圾处理设施。其次,制定包括垃圾管理操作手册、管理设施、管理经费、人员配备及机构分工、监督机制、定期的岗位培训和突发事件的应急处理系统等内容的垃圾管理规定。

垃圾站点及容器应具有密闭性能,其规格和位置应符合国家有关标准的规定,其数量、外观色彩及标志应符合垃圾分类收集的要求,并置于隐蔽、避风处,与周围景观相协调,坚固耐用,不易倾倒,防止垃圾无序倾倒和二次污染。

【评价方式】

1 预评价:本条不评价。

2 评价:查阅建筑等专业垃圾收集、处理设施的竣工文件,垃圾管理规定,垃圾收集、运输等的整体规划,并现场核实。

8.1.3 本条适用于各类通用厂房(库)的评价。

通用厂房(库)运行过程中会产生各类固体废弃物、废气和污水,可能造成多种有机和无机的化学污染、放射性等物理污染以及病原体等生物污染。为此,需要通过合理的技术措施和排放管理手段,杜绝建筑运行过程中相关污染物的不达标处置和排放。相关污染物的排放应符合现行国家标准《大气污染物综合排放标准》GB 16297、《污水综合排放标准》GB 8978、《污水排入城镇下水道水质标准》GB/T 31962、《社会生活环境噪声排放标准》GB 22337、《制冷空调设备和系统减少卤代制冷剂排放规范》GB/T 26205 等的规定。

【评价方式】

1 预评价:本条不评价。

2 评价:查阅污染物处置和排放管理规定,项目运行期固体废弃物、废气、污水等污染物的处置和排放检测报告,并现场核实。

8.2 评分项

Ⅰ 管理规定

8.2.1 本条适用于各类通用厂房(库)的评价。

物业管理机构通过 ISO 14001 环境管理体系认证,是提高环境管理水平的需要,以达到节约能源、降低消耗、减少环保支出、降低成本的目的,减少由于污染事故或违反法律、法规所造成的环境风险。物业管理具有完善的管理措施,定期进行物业管理人员的培训。ISO 9001 质量管理体系认证可以促进物业管理机构质量管理体系的改进和完善,提高其管理水平和工作质量。现行国家标准《能源管理体系要求》GB/T 23331 是在组织内建立起完整有效的、形成文件的能源管理体系,注重过程控制,优化组织活动。通过管理措施,不断提高能源管理体系的有效性,实现预期的能源消耗目标。

【评价方式】

1 预评价:本条不得分。

2 评价:查阅物业管理机构相关认证证书和相关的工作文件。

8.2.2 本条适用于各类通用厂房(库)的评价。

本条是在控制项第 8.1.1 条的基础上所提出的更高要求。节能、节水、节材、绿化的操作管理规定是指导操作人员工作的指南,应挂在各个操作现场的墙上,促使操作人员严格遵守。为了保证工作质量,应组织操作人员进行专业培训,提高操作人员的专业能力和技术水平。

可再生能源系统、雨废水回用系统等节能、节水设施的运行维护技术要求高,维护的工作量大,无论是自行运维还是购买专业服务,都需要建立完善的管理规定及应急预案,并在日常运营管理过程中做好记录。

【评价方式】

1 预评价:本条不得分。

2 评价:查阅相关管理规定、操作规程、应急预案、操作人员的专业证书、节能节水设施的运行记录,并现场核实。

8.2.3 本条适用于各类通用厂房(库)的评价。当被评价项目为自用时,第 2 款可直接得分。

管理是运行过程中节约能源、资源的重要手段,必须在管理业绩上与节能、节约资源情况挂钩。因此,要求物业管理机构在保证建筑的使用性能要求、投诉率低于规定值的前提下,实现其经济效益与建筑用能系统的耗能状况、水资源和各类耗材等的使用情况直接挂钩。采用合同能源管理模式更是节能的有效方式。

【评价方式】

1 预评价:本条不得分。

2 评价:查阅物业管理机构的工作考核体系文件、业主和租用者以及管理企业之间的合同。

Ⅱ 管理措施

8.2.4 本条适用于各类通用厂房(库)的评价。

保持公共设施设备系统正常运行,是绿色通用厂房(库)实现各项目标的基础。机电设备系统的调试不仅限于新建建筑的试运行和竣工验收,而应是一项持续性、长期性的工作。因此,物业管理机构有责任定期检查、调试设备系统,根据运行数据或第三方检测的数据,不断提升设备系统的性能,提高建筑物的能效管理水平。

【评价方式】

1 预评价:本条不得分。

2 评价:查阅相关设备的检查、调试和运行记录,以及能效改进方案。

8.2.5 本条适用于各类通用厂房(库)的预评价、评价。

为了充分地掌握通用厂房(库)及其附属建筑的能耗状况,及时发现运行过程中的节能问题,并监控企业的用能管理状态,提升企业运行管理能力和水平,降低企业运行成本,设置能耗管理系统十分必要。

能耗管理系统具备统计分析功能,以便能源管理机构对比分析,提出优化改进意见。能耗管理系统要确保工作正常,各种能耗统计分析数据完整,随时可查阅。

【评价方式】

1 预评价:查阅能耗管理系统设计文件。

2 评价:查阅能耗管理系统竣工文件、验收报告及运行记录,并现场核实。

8.2.6 本条适用于各类通用厂房(库)的预评价、评价。

本条主要强调实现用水分类分级计量系统的设计,为后期的管网漏损及建筑用水量水平分析提供基础。由于通用厂房(库)漏水比较普遍,尤其是消防管道,因而计算漏损量时,应包含消防用水。

第 1 款,采用远传计量系统对各类用水进行计量,可准确掌握项目用水现状,如水系管网分布情况,各类用水设备、设施、仪器、仪表分布及运转状态,用水总量和各用水单元之间的定量关系,找出薄弱环节和节水潜力,制定出切实可行的节水管理措施和规划。

第 2 款,远传水表可以实时地将用水量数据上传给管理系统。远传水表应根据水平衡测试的要求分级安装。物业管理方应通过远传水表的数据进行管道漏损情况检测,随时了解管道漏损情况,及时查找漏损点并进行整改。

第 3 款,使用非传统水源的场所,其水质的安全性十分重要。为保证合理使用非传统水源,实现节水目标,必须定期对使用的非传统水源的水质进行检测,并对其水质和用水量进行准确记录。所使用的非传统水源应满足现行国家标准《城市污水再生利用城市杂用水水质》GB/T 18920 的要求。非传统水源的水质检测间隔不应大于 1 个月。

【评价方式】

1 预评价:查阅包含供水系统远传计量设计图纸、计量点位说明或示意图以及非传统水源的水表设计等在内的设计文件。

2 评价:查阅竣工评价资料、远传水表的型式检验报告、用水量远传计量的管理规定,还应查阅用水量远传计量系统的历史数据、运行记录及统计分析报告以及非传统水源水质检测报告。

8.2.7 本条适用于各类通用厂房(库)预评价、评价。

重视垃圾收集站点的环境卫生问题,可以提升环境品质。垃圾站(间)设置冲洗设施并定期进行冲洗,同时设置通风、除尘、除臭等设施,并设置消毒、杀虫、灭鼠等装置。对露天放置的垃圾桶也要做到定期清洗干净。

存放垃圾应及时清运,并做到垃圾不散落、不污染环境、不散发臭味。

本条主要指生活垃圾,不包括生产废弃物。本条所指的垃圾站(间),还应包括生物降解垃圾(有机厨余垃圾)处理房等类似功能间。

【评价方式】

1 预评价:查阅垃圾站(间)给排水、通风等设计文件。

2 评价:现场核实,并可进行用户抽样调查。

Ⅲ 智慧运行

8.2.8 本条适用于各类通用厂房(库)的预评价、评价。

本条是在本标准第 8.2.4 条基础上的更高要求。

各类动力站房是通用厂房(库)和物流园区重要的辅助建筑,是维持园区生产运行必不可少的组成部分,站房内布置了各种动力设备。因通用厂房(库)园区一般场地范围较大,设备站房距离较远,为了减轻运维人员的工作强度,降低设备故障率,合理地设置远程监控装置、报警装置、远程数据采集装置等,可以提高设备系统运行的可靠性,提高运行效率。

水泵、风机、电梯、集中空调是常用设备,其自动监控系统需确保安装调试完善,保证系统工作正常和运行数据记录完整。

　　1　预评价:查阅设备监控系统设计文件。

　　2　评价:查阅设备监控系统竣工文件、验收报告及运行记录,并现场核实。

8.2.9　本条适用于各类通用厂房(库)的预评价、评价。

　　与设备监控系统一样,通信网络系统和安防系统是通用厂房(库)智能化系统的重要组成部分,基于建筑智能化的快速发展状况及通用厂房(库)场地范围大、单体建筑分散等特点,其重要性越发凸显。

　　通用厂房(库)的通信网络系统主要针对的是厂房(库)内以及园区的办公和管理用房,如厂房(库)内办公区、园区内附属办公楼、综合楼、门卫等。

　　通用厂房(库)的安防系统主要针对园区围墙、主要出入口、园区内主要道路、收货场地、主要设备站房等重点区域(如消防控制室、水泵房、变电房、柴发机房、制冷或空调机房等)设置,厂房(库)内的安防系统可根据用户需要设置。

　　通用厂房(库)的通信网络系统应保证各系统可靠运行并实时保存相关数据。通用厂房(库)的安防系统应保证各系统可靠运行并实时保存图像数据,安防系统图像数据保存周期不少于90 d,或遵照当地安防部门及企业规定的保存周期。

　　1　预评价:查阅通信网络和安防系统设计文件。

　　2　评价:查阅通信网络和安防系统竣工文件、验收报告及运行记录,并现场核实。

8.2.10　本条适用于各类通用厂房(库)的预评价、评价。

　　信息化管理是实现绿色通用厂房(库)物业管理定量化、精细化的重要手段,对保障建筑的安全、舒适、高效及节能环保的运行效果,提高物业管理水平和效率具有重要作用。采用信息化手段建立完善的建筑工程、设备、能耗、配件档案及维修记录极为重要。

建筑智能化系统包括许多子项内容,将物业管理信息数据与建筑智能化各系统互联共享可以全面提升物业管理的成效。

【评价方式】

1 预评价:查阅物业管理信息化系统以及建筑智能化系统设计文件。

2 评价:查阅针对建筑物及设备的配件档案和运维的信息记录,各种能耗数据,并现场核实各种物业管理信息系统。

9 提高与创新

9.0.1 本条适用于各类通用厂房(库)的预评价、评价。

对于通用厂房(库),在夏季外围护结构得热总量构成中,经屋顶传入的太阳辐射得热量占有相当大的权重,因此本条提出屋顶隔热及屋面板反射的要求。设备、太阳能热水器、光电板及天窗所占屋顶面积可在计算中剔除。

【评价方式】

1 预评价:查阅建筑施工图纸及设计说明。

2 评价:查阅建筑竣工图纸及设计说明、反射涂料的产品型式检验报告,并现场核实。

9.0.2 本条适用于各类通用厂房(库)的预评价、评价。

通用厂房(库)一般拥有较大的屋面面积,布置光伏板有着先天优势。光伏发电优先自身项目使用,在条件适宜的情况下,出租屋面给临近用户使用,与光伏厂家签订合理能源管理协议,多余的发电上市政电网,都是值得鼓励的措施。

【评价方式】

1 预评价:查阅太阳能光伏专项施工图纸及设计说明、计算分析报告、相关合同。

2 评价:查阅太阳能光伏竣工图纸、计算分析报告、相关合同、运行记录,并现场核实。

9.0.3 本条适用于各类通用厂房(库)的评价。

为了改进和提高服务质量,物业管理机构可采用多种方式收集用户意见,如定期召开座谈会,听取用户对物业管理方面的意见和建议。也可发放满意度调查表,调查表内容应具体详细,调查表和调查结果以及处理和改进情况应作为评价和考核物业管理机构工作的材料收集归档。

【评价方式】

1 预评价:本条不得分。

2 评价:查阅物业管理机构有关用户满意度的调查材料,并可进行用户抽样调查。

9.0.4 本条适用于各类通用厂房(库)的预评价、评价。

本条鼓励合理利用工业废弃地等可再生地进行通用厂房(库)建设。

项目利用工业废弃地建设,应提供场地有关污染物的检测报告,并对污染的土地作必要的处理,使之达到国家和地方的现行环保标准要求。利用盐碱地等建设,应同时对场地的生态环境进行改造或改良。

废料场应有分类、回收、再利用设施,对有污染的废料应进行防污染处理(如废料场采取防扬散、防流失等措施,场地做防渗处理确保地下水不被污染),使建设场地达到国家和地方的现行环保有关标准要求,不造成环境质量的下降。

【评价方式】

1 预评价:查阅建筑等相关设计文件、环评报告、废弃地检测报告、场地处理专项设计文件或报告。

2 评价:在预评价方法之外,还应现场核实。

9.0.5 本条适用于各类通用厂房(库)的预评价、评价。

物流仓储是现代物流系统中的关键环节,在连接、中转、存放、保管等环节发挥着重要作用。采用资源消耗小的物流方式,包括物流仓储利用立体高架方式和信息化管理,或采用环保节能型物流运输设备与车辆,并具备提供补充能源的配套设施等。立体高架仓库(单层 24 m 以内)一般是指采用几层、十几层乃至几十层高的货架储存单元货物,库内设置为全自动分拣货架系统,采用全自动的物料搬运设备进行货物入库和出库作业,提高单位面积的存储货物的能力。采用环保节能型的物流运输设备(如生产流水线、起重设备、垂直运输设备等)和运输车辆(如电瓶车,根据需求使用氢气、太阳能等新能源作为动力的车辆),节能减排效果显著;同时应设置充电、充气等补充能源的配套设施。

【评价方式】

1 预评价:查阅总平面施工图、各专业设计图纸、物流专项设计资料、环保节能型物流运输设备及能源补充配套设施相关图纸。

2 评价:在预评价方法之外,还应现场核实采用的物流方式。

9.0.6 本条适用于设置供暖、空调的通用厂房(库)的预评价、评价。

第1款,空调制冷系统合理地利用天然冷源,可大量减少能耗。利用天然冷源至少有下列几种常用的方式,项目要根据工艺生产需要、允许条件和室内外气象参数等因素进行选择:

   1)采用冷却塔直接供冷:有条件且工艺生产允许时,可借助冷却塔和换热器,利用室外的低温空气进行自然冷却,给空调的末端设备提供冷冻水等。

   2)空调系统采用全新风运行或可调新风比运行等:空调系统设计时,不仅要考虑设计工况,而且还应顾及空调系统全年的运行模式。在一定的室内外气象条件下并能满足工艺生产要求时,空调系统采用全新风或可调新风比运行,可有效地改善空调区域内的空气品质,大量节约空气处理所需消耗的能量。

第2款,有空调需求的厂房(库)的室内温湿度均有相关的要求,温度和湿度设置独立的处理及控制系统,有助于提高系统整体的能效比,从而达到节能的目的。同时,温湿度独立控制空调系统,可消除各个参数之间的联动关系,利于更好地独立控制各个参数。对于洁净厂房,中温水二次再热、二次回风等节能技术则较为适用。

【评价方式】

1 预评价:查阅暖通施工图纸及设计说明。

2 评价:查阅暖通竣工图纸及设计说明、产品说明书、产品型式检验报告、运行记录,并现场核实。

9.0.7 本条适用于各类通用厂房(库)的预评价、评价。

在项目内设置分布式储能设备,可利用夜间低谷电进行储能,在日间进行自用,利用峰谷电价差降低项目本身的能源费用,同时对于市政电网也起到平衡的作用。

【评价方式】

1 预评价:查阅电气施工图纸及设计说明。

2 评价:查阅电气竣工图纸及设计说明、储能设备产品说明书、产品型式检验报告、运行记录,并现场核实。

9.0.8 本条适用于各类通用厂房(库)的预评价和评价。

本条主要是鼓励采取创新措施降低室内污染。主要是对本标准第4~8章未提及的其他环境保障技术予以鼓励。通过采用低散发性材料,减少厂房(库)内空气中有味、刺激的、有害于施工人员和用户舒适度和健康的室内污染物含量,故厂房(库)内部使用的粘结材料、密封材料、涂料和涂层等材料应使用低 VOC 材料(比传统材料散发量降低 50%),从源头控制,从而降低室内空气污染。通过采用空气处理措施,降低污染物浓度,空气处理措施包括空气处理机组中设置中效过渡段、在主要功能空间设置空气净化装置等。通过采用高效噪声控制措施,降低厂房(库)噪声,其噪声控制措施包括降低声源噪声、噪声传播途径上控制噪声、对接受者采取保护措施等。

【评价方式】

1 预评价:查阅建筑等相关设计和空气处理措施报告。

2 评价:查阅建筑等相关竣工图纸和主要产品检验报告、运行记录和室内环境品质检测报告等,并现场核实。

9.0.9 本条适用于各类通用厂房(库)的预评价、评价。

建筑信息模型(BIM)是建筑业信息化的重要支撑技术。BIM是在CAD技术基础上发展起来的多维模型信息集成技术。BIM是集成了建筑工程项目各种相关信息的工程数据模型,能使设计人员和工程人员能够对各种建筑信息做出正确的应对,实现数据共享并协同工作。

BIM技术支持建筑工程全寿命期的信息管理和应用。在工程建设的各阶段支持基于BIM的数据交换和共享,可以极大地提升工程信息化整体水平。工程建设各阶段、各专业之间的协作配合可以在更高层次上充分利用各自资源,有效地避免由于数据不通畅带来的重复性劳动,大大提高整个工程的质量和效率,并显著降低成本。

《住房城乡建设部关于印发推进建筑信息模型应用指导意见的通知》(建质函〔2015〕159号)中明确了建筑的设计、施工、运行维护等阶段应用BIM的工作重点内容。其中,规划设计阶段主要包括:投资策划与规划;设计模型建立;分析与优化;设计成果审核。施工阶段主要包括:BIM施工模型建立;细化设计;专业协调;成本管理与控制;施工过程管理;质量安全监控;地下工程风险管控;交付竣工模型。运营维护阶段主要包括:运营维护模型建立;运营维护管理;设备设施运行监控;应急管理。评价时,规划设计阶段和运营维护阶段BIM分别至少应涉及2项重点内容应用,施工阶段BIM至少应涉及3项重点内容应用,方可得分。

一个项目不同阶段出现多个BIM模型,无法有效解决数据信息资源共享问题。因此,当在两个及以上阶段应用BIM时,应基于同一BIM模型开展;否则,不认为在两个阶段应用了BIM技术。

评价时应重点关注以下内容:①满足国家和本市BIM技术应用有关的规定、标准、指南、导则、指导意见、实施要点;②BIM应用方案;③BIM应用在不同阶段、不同工作内容之间的信息传递和协同共享。

【评价方式】

1 预评价:查阅 BIM 相关设计文件、BIM 技术应用报告。

2 评价:查阅 BIM 相关竣工图、BIM 运维记录,并现场核实。

9.0.10 本条适用于各类通用厂房(库)的预评价、评价。

本条参考国家标准《绿色建筑评价标准》GB/T 50378—2019 第 9.2.7 条。现行国家标准《建筑碳排放计算标准》GB/T 51366 参照 LCA 理论方法,对于建材生产及运输、建造及拆除、运行各建设环节的碳排放计算进行了详细规定,内容涵盖了计算边界、计算方法、碳排放因子选用等方面,可供本条碳排放计算参考。

对于预评价项目,主要分析建筑的固有碳排放量,即建材生产及运输的碳排放。对于评价项目,还应分析建造阶段的碳排放和标准运行工况下建筑运行产生的碳排放量。

【评价方式】

1 预评价:查阅建筑碳排放计算分析报告(含减排措施)。

2 评价:查阅建筑碳排放计算分析报告,并现场核实减排措施。

9.0.11 本条适用于各类通用厂房(库)的评价。

绿色施工是指在保证质量、安全等基本要求的前提下,以人为本,因地制宜,通过科学管理和技术进步,最大限度地节约资源,减少对环境负面影响的施工活动。上海市工程建设规范《建筑工程绿色施工评价标准》DG/TJ 08—2262—2018 于 2018 年 9 月 1 日实施,可作为本条的评价依据。

绿色施工作为落实绿色设计和服务绿色运营的重要阶段,应关注整体落实情况,本条根据绿色施工得分等级作为创新得分依据。上海市工程建设规范《建筑工程绿色施工评价标准》DG/TJ 08—2262—2018 第 13.0.6 条规定,分数大于 80 分且小于 90 分,评定为银级;分数大于等于 90 分,评定为金级。

【评价方式】

    1 预评价:本条不得分。

    2 评价:查阅项目绿色施工证书等证明材料。

9.0.12 本条适用于各类通用厂房(库)的预评价、评价。

    建设工程质量潜在缺陷保险(Inherent Defect Insurance, IDI),是指由建设单位(开发商)投保的,在保险合同约定的保险范围和保险期限内出现的,由于工程质量潜在缺陷所造成的投保工程的损坏,保险公司承担赔偿保险金责任的保险。它由建设单位(开发商)投保并支付保费,保险公司为建设单位或最终的业主提供因房屋缺陷导致损失时的赔偿保障。建设工程保险在国际上已经是一种较为成熟的制度,比如法国的潜在缺陷保险(IDI)制度、日本的住宅性能保证制度等。

    该保险是一套系统性工程,通过建立统一的工程质量潜在缺陷保险信息平台,将企业的诚信档案、承保信息、风险管理信息和理赔信息等录入,通过以上信息进行费率浮动,促使参建各方主动提高工程质量。同时,独立于建设单位和保险公司的第三方质量风险控制机构,从方案设计阶段介入,对勘察、设计、施工和竣工验收阶段全过程进行技术风险检查,提前识别风险,公平公正地监督工程质量,有效地降低质量风险。

    该保险一般承保工程竣工验收之日起一定年限(主体结构一般为10年,防水保温一般为5年,其他一般为2年)之内因主体结构或装修设备构件存在缺陷发生工程质量事故而给消费者造成的损失,通过保险公司约束开发商必须对建筑质量提供一定年限的长期保证,当建筑工程出现了保证书中列明的质量问题时,通过保险机制保证消费者的权益。通过推行建设工程质量保险制度,提高建设工程质量的把控力度。

    工程质量潜在缺陷责任保险的基本保险范围包括地基基础工程、主体结构工程以及防水工程,对应本条第1款得分要求。除基本保险外,建设单位还可以投保附加险,其保险范围包括建筑装饰装修工程、建筑给水排水及供暖工程、通风与空调工程、建筑电气工程等,对应本条第 2 款得分要求。

【评价方式】

    1 预评价:查阅建设工程质量保险产品投保计划,针对一些需要建设单位或设计单位在工程设计期间即预投一定保费的保险产品,可查阅其保险产品保单。

    2 评价:查阅建设工程质量保险产品保单,并核实运行期间保险履行情况。

9.0.13 本条适用于各类通用厂房(库)的预评价、评价。

    绿色通用厂房(库)的创新没有定式,凡是符合建筑行业绿色发展方向、契合通用厂房(库)的实际需求,未在本条之前任何条款得分的任何新技术、新产品、新应用、新理念,都可在本条申请得分。为了鼓励绿色通用厂房(库)百家争鸣、百花齐放,本条允许同时申请多项创新。

    项目的创新点应较大地超过相应指标的要求,或达到合理指标但具备显著降低成本或提高工效等优点。举例而言,如项目屋顶进行光伏建筑一体化设计并取得较高的收益;创新采用社会多方合作共建模式;项目采用物联网、5G、储能等新技术新产品,考虑应用人工智能技术提升建筑服务水平;项目采用无人仓储方式,运用无人机或机器人进行物流配送及生产作业;控制中心能够显示所有自动化设备的运行情况等。

    申报项目提交的证明材料应包括以下内容:①创新内容及创新程度(例如超越现有技术的程度,在关键技术、技术集成和系统管理方面取得重大突破或集成创新的程度);②应用规模、难易复杂程度及技术先进性(应有对国内外现状的综述与对比);③经济、社会、环境效益,发展前景与推广价值[如对推动行业技术进步、引导绿色通用厂房(库)发展的作用]。对于投入使用的项目,尚应补充创新应用实际情况及效果。

【评价方法】

  1 预评价:查阅相关设计文件、分析论证报告及相关证明、说明文件。

  2 评价:查阅相关设计文件、分析论证报告及相关证明、说明文件,并现场核实创新技术及措施的实施情况。